异构多处理器片上系统任务调度算法研究与应用

Yigou Duochuliqi Pianshang Xitong
Renwu Diaodu Suanfa
Yanjiu yu Yingyong

■ 杨志邦　周　旭　曾一夫　著

U0316067

CΠS Ⓚ 湖南科学技术出版社

图书在版编目（ＣＩＰ）数据

异构多处理器片上系统任务调度算法研究与应用 /杨志邦，
周旭，曾一夫著. — 长沙 : 湖南科学技术出版社，2022.3
ISBN 978-7-5710-1471-1

Ⅰ．①异… Ⅱ．① 杨… ②周… ③曾… Ⅲ．① 计算机算法－
研究 Ⅳ．①TP301.6

中国版本图书馆 CIP 数据核字 (2022) 第 025487 号

异构多处理器片上系统任务调度算法研究与应用

著　者：杨志邦　周　旭　曾一夫
出 版 人：潘晓山
责任编辑：袁　军
出版发行：湖南科学技术出版社
社　　址：长沙市芙蓉中路一段 416 号泊富国际金融中心
网　　址：http://www.hnstp.com
湖南科学技术出版社天猫旗舰店网址：
　　　　　http://hnkjcbs.tmall.com
邮购联系：0731-84375808
印　　刷：长沙鸿发印务实业有限公司
　　　　（印装质量问题请直接与本厂联系）
厂　　址：长沙县黄花镇黄垅村（黄花工业园 3 号）
邮　　编：410137
版　　次：2022 年 3 月第 1 版
印　　次：2022 年 3 月第 1 次印刷
开　　本：710mm×1000mm　1/16
印　　张：14.25
字　　数：220 千字
书　　号：ISBN 978-7-5710-1471-1
定　　价：78.00 元

前　言

　　由于芯片制造工艺的限制，处理器频率的继续提升遇到了物理瓶颈，多处理器技术被认为是维持片上系统性能增长的有效方法。异构多处理器片上系统（Multi-Processor System on Chip，MPSoC）兼顾了系统的通用性与灵活性，受到了工业界和学术界的青睐，被广泛应用于移动通信、嵌入式多媒体等领域。对于异构 MPSoC 来说，其性能的充分发挥依赖于各个处理器性能的发挥。高效的任务调度算法可以缓解处理器数目增加所带来的高能耗、高温度、高成本等一系列现实问题，可以很大程度上扩展 MPSoC 的应用范围。任务调度本身复杂度高，而在满足各种约束的情况下针对异构 MPSoC 进行最优化调度更具挑战，该问题已经被证明是 NP 难问题。当前，通用的做法是瞄准各种应用场景，有针对性地对异构 MPSoC 进行调度，寻求不同优化目标下的最佳调度方案。面向特定应用需求的异构 MPSoC 调度问题已经成为多处理器技术的研究热点和重点。

　　由于可重构技术的灵活性，先进的 MPSoC 都积极考虑增加可重构单元进一步提升多处理器的性能，从而出现了融合可重构资源的异构 MPSoC，它兼具可重构资源的灵活性和 MPSoC 的高效性，为系统设计和应用提供了更广泛的选择。对含有可重构资源的异构 MPSoC 而言，任务调度时还需要确定软硬件各自完成的功能，需要对软硬件进行划分，这进一步增加了问题的复杂度。本书针对具有可重构功能的异构 MPSoC，以充分发挥可重构资源的性能，解决异构 MPSoC 所面临的实时性、能耗和温度问题为出发点，分别开展软硬件优化划分算法、实时弹性调度算法、节能调度算法和温度感知调度算法的研究。

　　本书共有十一章。第一章介绍相关研究背景。第二章从国内外相关研究出发，对本书所研究问题的研究现状进行介绍和讨论。第三章针对双路软硬件划分的特点，借鉴 0/1 背包问题的相关算法思想，基于模拟退火算法的全局寻优特性，提出了一种融合贪心算法与模拟退火算法的软硬件划分方法。该方法在研究双路软硬件划分系统结构基础上，首先将软硬件划分问题规约为 0/1 背包问题，采用贪心算法进行快速初始划分；然后设计一种新的接收准则，根据新解在扰动模型中的位置来计算其接收概率，基于贪心算法的预划分结果，采用改进的模拟退火算法进行全局寻优。由于该算法兼具贪心算法的高效性和模拟退火算法的全局寻优能力，从而避免了模拟退火算法初始划分难以设定的问题，在任务划分质量和算法运行时间方面均取得了较好的效果。仿真实验证明了本书所提算法的有效性。第四章提出了一种动态软硬件划分算法，即考虑带权重任务节点深度的动态软硬件划分算法。该算法充分考虑了在 DAG 图中每个节点对后续节点的影响，考虑节点的执行时间与通信时间，依据节点之间的依赖关系进行深度优先搜索，并将该因素纳入目标函数，从而达到有效提高系统性能的目的。第五章针对实时弹性任务进行调度，提出了一种基于资源预留的周期调整算法，对硬实时任务进行资源预留，以适应软硬实时任务共存的系统。同时，在原有性能指标函数的基础上，总结出一种以任务资源利用率变化为参数的性能指标函数来调整任务周期。针对弹性任务调度中假定任务执行时间预先确定，导致任务调度成功率较低的问题，提出了一种基于反馈机制的实时弹性任务调度算法。实验数据表明：改进的基本实时弹性任务调度算法具有较强适应性，对提高任务调度成功率以及系统吞吐量均有较好效果；改进的广义实时弹性任务调度算法，很大程度上提高了任务调度成功率，但对系统吞吐量的效果不明显。针对实时任务的系统运行过载问题，目前的研究基本都是针对系统发生过载后，如何通过反馈来及时有效地制止，没有从根本上解决过载发生的必然性。第六章利用回归模型与非精确计算设计了一种提前预防系统过载的策略，该策略面向多任务实时系统，对每个任务进行跟踪，并在所有任务利用率之和大于系统最大利用率时提前进行调整，从而避免过载现象的发生。第七章在算法的低功耗调度阶段，设计了一种基于关键任务分析的低功耗调度算法。首先分析了关键任务对任务实时性的影响，在给定的任务分配策略下，优先安排时效性紧迫的任务节点，然后在满足任务截止期要求的前提下，最大限度地降低系统能耗为目标，调整任务所处执行单元的电压级别。理论分析和实验结果表明算法的低功耗调度策略在有效地减少系统能耗的同时，显著地降低了算法的时间复杂度。第八章针对异构 MPSoC 中处理器数目增长所引起的高能耗问题，考虑遗传算法的高效搜索能力，采用动态电压缩放技术，提出了一种基于改进遗传算法的节能调度算法。该算法首先对遗传算法的选择算子和群体更新机制进行改进，增强了群体的多样性，然后基于改进的遗传算法来确定任务优先级，采用链表调度方法确定任务执行顺序，最后根据任务能量和时间关系，设计了一种新的任务缩放优先级计算方法，基于该优先级进行节能调度。该算法在具备遗传算法的高效搜索能力的同时，弥补了其容易陷入局部最优解的缺陷，并且通过对高能耗任务进行有针对性的缩放，很好地实现系统节能。第九章针对能量密度增长给异构 MPSoC 所带来的温度提升，考虑漏极功率、供电电压和温度之间的关系，以系统峰值温度最小化为优化目标，提出了一种新的温度感知调度算法。温度升高将直接缩短处理器的生命周期，同时影响系统性能和使用舒适度。首先针对异构 MPSoC 应用推广所面临的温度问题，在温度与供电电压关系的基础上，考虑处理器的漏极功率，建立温度模型，然后根据任务关键路径进行初始调度，在温度模型基础上计算任务的运行温度，运用动态电压缩放技术，通过迭代操作优化系统峰值温度。该算法中所考虑的温度模型更为实际，并且直接对具有峰值温度的任务进行优化，从而能够显著降低系统峰值温度和平均温度。第十章为了进一步验证书中算法的有效性，从应用测试角度出发，开展任务调度算法的应用研究。第一个应用是针对化学计量分析中"数学分离"算法的复杂计算问题，该算法的核心操作是三维数阵的分解，涉及大量的高维矩阵运算。在算法的嵌入式应用过程中面临着高效能计算的问题。通过分析应用问题的计算特性，采用通用处理器和可重构资源相结合的方式，进行系统结构设计，然后运用所提出的软硬件划分方法，对任务进行划分，获得了较好的系统性能。另外，为了验证节能调度算法，本章采用具有较好电源管理功能的 PXA255 芯片进行测试验证系统设计，并对其中的动态电压缩放技术进行了具体实现。在此基础上，采用节能调度方法，本章对 AVS 视频解码任务进行节能调度实例研究。测试结果验证了节能调度算法的有效性。第十一章总结本书研究工作并展望今后的研究内容。

本书编写过程中得到杜家宜、朱雪庆、张泰忠、张嵋桐等人的支持和帮助，在此一并表示感谢！本书的出版得到了国家自然科学基金项目（NO. 61802032）资助。

目　录

第一章 绪论

1.1 研究背景

随着微电子技术和集成电路设计技术的飞速发展，计算机处理器芯片遵循摩尔定律性能不断提升，计算机处理器的主频从最初的几百兆赫兹到现在十几亿赫兹。对于芯片厂商而言，制造工艺由原来微米级发展到现如今的纳米级，芯片上晶体管的集成数量越来越多。随着晶体管数量的增多，单个处理器芯片的能耗显著增高，硬件时延的最大影响因素由最初的门电路时延转向线延时，处理器指令级并行无法再提升处理器性能，系统的设计越来越复杂，使得单纯依靠物理工艺提高处理器芯片性能的方法变得非常困难。

在过去的几十年中，单芯片晶体管的数量持续增长，目前麒麟990、骁龙865等高端芯片的工艺制程为 7 nm。该数字代表着半导体制造的工艺水平，而非特定的芯片功能。一般情况下，纳米等级越小，每平方毫米的晶体管越多。未来随着半导体制造工艺水平的提高，将很难有更大的突破。因此，研究人员逐渐关注提高处理器性能的另一种方法，即改进处理器芯片的架构，从芯片体系结构的设计着手，通过充分利用和有效管理处理器芯片中的资源，实现提高处理器芯片性能的目标。

同时随着航空航天、智能制造、移动互联设备、大数据分析、云计算等领域相关技术的飞速发展，不同应用具有不同的特点，传统的处理器体系结构不再适应新的应用需求，需要对其进行进一步改进。处理器芯片最早应用于科学计算和工程力学计算，这些领域要求处理器具有强大的浮点运算能力。但对于通信领域和数字多媒体领域的应用而言，要求处理器能对流式数据进行实时响应，传统的指令级并行已不再满足需求，要求应用在更高层级上并行，即粗粒度并行。因此，针对不同应用设计出相应的处理器迫在眉睫，对处理器设计人员提出了更高的要求，需要在传统处理器设计技术的基础上有较大的突破，以满足新的应用需求。为了满足这些应用的新需求，片上多处理器（Chip Multi-Processor，CMP）应运而生。

CMP 是将多个处理器核集成到同一芯片上，通过提高各个层级的并行性能来增加芯片的性能。它可以对每个内核进行单独设计和并行开发，缩短处理器的设计时间。CMP 一经问世就受到工业界和学术界的重点关注，目前已被广泛地应用于各个领域。

CMP 主要从增加处理器数量和增加处理器之间的异构性两个方向进行突破。处理器数目的增加是芯片制造商着重关注的热点，早在 2007 年英特尔推出的处理器原型就具有 80 核；Tilera 相继推出了 64 核和 100 核的处理器芯片。虽然通过提高核数的方法来提高系统的性能，在某种程度上具有可行性，但是当系统中处理器的数量增加到一定程度以后，根据阿姆达尔定律，系统核数再增加对系统的性能提升有限，甚至会带来更多的能耗核芯片散热等问题。通过在 CMP 中采用异构可以消除该问题，此外，将任务分配到适合其运行的处理器内核上执行，同时可以采用线程并行技术，提高系统的性能。异构 CMP 具有可以减少处理器能耗、提高吞吐率、提升系统性能等优点，从而极具市场潜力，新品制造厂商也非常关注其进一步发展。

根据指令集结构的不同，异构 CMP 可以分为功能异构和性能异构两大类。功能异构是指 CMP 中的内核所采用的指令集不同，每个指令集都具有不同的特点，如 DSP 内核擅长处理含有乘加运算的数据密集型的计算任务，GPU 则擅长图形加速和矩阵计算。CELL 处理器就是多家公司联合推出的功能异构 CMP，其采用的是主处理器+协处理器的方式实现。英伟达公司推出的 APU 采用 CPU+GPU 的方式，该处理器也同样是比较常见的功能异构 CMP。性能异构是指每个内核的指令集相同，但其主频、缓存大小存在差异或者体系结构上存在微小差别，其仅仅是处理性能的不同。因其有相同的指令集，应用程序在任何一个处理器内核上都可以执行，无需进行修改。

多处理器技术的出现，给嵌入式计算带来了新的飞跃。嵌入式系统通常具有体积和成本方面的约束，而多处理器、高性能的特点，能极大提高嵌入式系统的性能。在进行嵌入式设计时，通常会将专用硬件电路、总线、内存、处理器集成到同一个芯片中，将其称为片上系统（System on Chip, SoC）。为了获得更高的性能，工业界将多处理器技术引入到 SoC 中，从而产生了片上多处理器系统（MPSoC）。其主要面向特定应用进行设计，应满足不同应用对功耗和成本的需求。MPSoC 最初被用于信号处理、音视频播放器和数字电视等设备。德州仪器公司的 OMAP 系列就是采用 DSP+ARM 的结构，其主要应用于支持无线终端应用。

MPSoC 具有极强的通用性，而且可以按照具体应用进行设计，因其可以更好地获得性能和功耗之间的均衡，被广泛应用于智能制造、移动互联网设备、消费类电子产品中。IEEE 举办的国际片上系统会议（IEEE International System on Chip Conference）是 MPSoC 的重要交流平台，该会议目前已经举办 33 届，吸引了 IBM、英特尔、Xilinx、NEC 等国际知名芯片制造商的参与，充分表明了工业界和学术界对 MPSoC 的热切关注，同时也表明学术研究和工业应用密不可分。

硬件设计的发展过程中，诞生了可重构硬件现场可编程逻辑阵列（Field Programmable Gate Array, FPGA），系统设计人员可以像软件编程一样用硬件描述语言进行硬件配置，为嵌入式系统的设计带来了更多的灵活性。但是其面积有限且价格昂贵，于是芯片生产商进一步推出了带可重构单元的 MPSoC，将 FPGA 与 MPSoC 相结合。

Xilinx 公司最早于 2011 年发布了 Zynq－7000 系列芯片，这是最早的带有可重构资源的异构 MPSoC，该公司最新的 Zynq UltraScale+MPSoCs EG 芯片由四核 Arm Cortex-A53 MPCore 和双核 Arm Cortex-R5F MPCore 以及 FPGA 构成，此外该芯片还带有视频编解码单元支持 H. 265/H. 254。因该芯片具有体积更小、功能更强大、支持人工智能应用等优点，使得该款芯片更加适用于当前嵌入式系统应用的迫切需求；另一 FPGA 制造商 Altera（目前已被英特尔公司收购），提出了一种 CPU+FPGA 的 SoC FPGA 芯片的设计理念，该理念由英特尔公司生产的 E600 系列芯片实现，该芯片采用凌动处理器为通用核心，同时增加了 FPGA 为核心可重构资源，即可配置的处理器。目前其最新的英特尔 Agilex F 系列 SoC FPGA，同样采用的四核 Arm Cortex-A53 MPCore 处理器，重组的可编程逻辑单元和高速的收发器，同时其采用成熟的嵌入式多芯片互连桥接（EMIB）技术进行芯片间的互联，系统性能进一步提高，目前该产品被广泛应用于边缘计算/嵌入式、网络/NFV 和数据中心等领域。随着硬件技术、边缘计算、移动计算和人工智能技术的蓬勃发展，带有可重构单元的异构 MPSoC 将深入到社会各个行业。

带有可重构单元的异构 MPSoC 采用的是 FPGA+CPU 的方式，但其处理器内核的设计方式区别较大，例如 Xilinx 公司的 Zynq－7000 系列采用的是 ARM 内核，而英特尔公司的凌动处理器则采用的是 CISC 指令级内核。随着应用需求的不同，带有可重构单元的异构 MPSoC 可能搭载的处理器数量和内核会随之不同。具有可重构单元的 MPSoC 芯片的一般结构如图 1.1 所示，该系统由 ARM、CISC、FPGA 和 DSP 等构成，其中 ARM 和 CISC 为采用不同内核设计的通用处理器，FPGA 为可重构器件，DSP 为数字信号处理单元，该系统具有高灵活性和低成本的优点，能适用于多种嵌入式应用和其他特殊应用，本书所采用的平台即为该类系统。

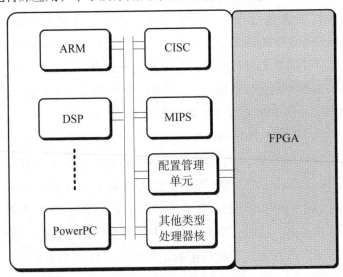

图 1.1　包含可重构器件的异构 MPSoC 架构

1.2　异构 MPSoC 任务调度

任务调度是计算机系统领域的重要研究课题。在异构的 MPSoC 系统中，为了充分发挥该系统性能优势的同时满足特定应用要求，任务调度技术尤为关键。在满足功耗、成本和任务截止时间的要求下，将应用的具体任务分配到异构 MPSoC 的处理单元上执行，是一个不能在多项式时间内求得最优解的 NP 问题。在多处理器研究领域中，任务调度同样是一个热点和难点。

本书中关注的可重构单元的异构 MPSoC，其相关的任务调度技术更加复杂。对该类系统上的任务调度面临以下难题：

1. 软硬件划分问题

软件硬件划分问题是判断任务将由软件执行还是由硬件执行。若由软件执行，则将任务调度到通用处理器执行，因而具有较强的灵活性，但其计算性能远低于硬件执行。硬件执行即将任务调度到 FPGA 上执行，需要通过硬件描述语言将任务用硬件实现，并将其下载固化到 FPGA，用硬件执行具有较高的性能，使得任务得以加速，但硬件资源有限，并且价格不菲。

由于同一应用的不同任务具有不同的特点，其在软件和硬件执行的效率差异较大。如何在有限的硬件资源条件下，合理安排任务的划分，获得最高的系统性能，即最小化任务的完成时间，该问题也是 NP 问题。

2. 系统能耗问题

随着处理器芯片主频的提高，芯片的能耗也越来越高，同时单芯多核中内核的数量增加，也会带来能耗的提高。该问题逐渐成为嵌入式系统的一个关键问题。能耗过高会使得嵌入式设备的性能降低，电量消耗过快，特别是对于一些无源设备，更换电池的频率会增加，设计出低能耗的嵌入式系统是设计人员追求的另一项重要指标。在本书中的具有可重构单元的异构 MPSoC，在具体应用中，多采用电池供电。因此，能耗会影响嵌入式系统的可靠性和稳定性。该系统的处理器芯片的能耗管理通常根据其内核的不同采用不同的方法。通用处理器内核则通常采用两种常见的方式进行管理，分别为动态电压缩放（Dynamic Voltage Scaling，DVS）和动态功耗管理（Dynamic Power Management，DPM）。目前的研究主要集中在利用现有的处理器能耗管理技术，在满足性能的约束条件下，对分配到其上的任务进行节能调度，使得系统的能耗最低。

3. 系统温度问题

制造工艺的不断提高，使得芯片的晶体管数剧增，其散发的热量也越来越多，随着温度的提高，集成电路的性能和使用寿命也会降低。在超级计算中心所消耗的电费中，系统的冷却费用占绝大部分。同样的，主要应用于嵌入式领域的异构 MPSoC 也面临该问题，因空间有限，传统的系统冷却方式无法应用到该领域。

英特尔的研究人员表示，每当芯片的温度提升 10 ℃～15 ℃，该设备的使用寿命将减半。虽然温度升高是由于处理器发热即处理器自身的能耗引起，但是在多处理系统中，并不能将温度管理和能耗管理等同，有时两者之间甚至会存在冲突。例如，当有处理器空闲时，可以将其处理器的任务分配到该空闲处理器，这样可以降低其他处理器的温度，但是这样会使得系统的整体能耗升高。在温度管理中可以采用 DVS 技术，当任务以低电压在处理器上运行时，虽需更长的执行时间，但所需能耗低，进而实现降低系统温度的目的。因此，在异构 MPSoC 中，进行温度感知调度至关重要。

综上所述，能耗问题和温度问题是需要从多维度进行考虑的综合问题，需兼顾电路、结构、算法、系统等各个层面。每个层面所使用的管理方法带来的效果有所不同，抽象层次越低，其调节效果越差，反之其调节效果越好。因此，在异构 MPSoC 中，从任务调度算法出发，对能耗和温度进行控制，是 MPSoC 系统研究的一个重要切入点。

1.3　主要研究内容

本书面向包含可重构资源的异构 MPSoC，针对其任务调度过程所面临的软硬件划分、实时性、能耗和温度等挑战，分别研究软硬件优化划分算法，实时任务调度、节能调度算法和温度优化调度算法，以提高系统性能，降低系统功耗和峰值温度；同时，根据实际需求，构建了原型系统，以算法的应用与测试为目标，对软硬件划分方法和节能调度算法开展应用研究。具体研究工作包括以下五个方面：

（1）针对包含可编程资源的异构 MPSoC，开展了软硬件优化静态和动态软硬件划分算法研究。在静态软硬件划分中，通过对软硬件划分系统进行分析，将双路软硬件划分问题规约为 0/1 背包问题，采用贪心算法进行初始划分；在初始结果基础上，通过对模拟退火算法进行改进，提高其搜索效率，进行全局寻优。算法结合了贪心算法的高效划分特性和模拟退火算法的全局寻优能力，在算法运行时间和划分质量两方面取得了较好的综合效果。该算法的主要特色如下：

一是将贪心算法和模拟退火算法相融合。采用贪心算法对系统进行预划分，不仅避免了模拟退火算法中初始化参数难以设定的问题，同时能够将解空间快速趋向于近似最优解区域，减少模拟退火算法的迭代次数，降低算法的整体运行时间。

二是根据软硬件划分的解空间扰动特征，对模拟退火算法的接收准则进行改进，提出了一种改进的模拟退火算法。算法在选择新解的过程中，对解空间进行引导，增加算法在近似最优解区域的有效搜索概率，从而在加快算法收敛速度的同时提高了软硬件划分的质量；在动态软硬件划分中，提出了一种动态软硬件划分算法，即考虑带权重任务节点深度的动态软硬件划分算法。该算法是考虑 DAG 图中节点对后续节点的影响，将之纳入适应度函数中，从而有效地提高系统的性能和速度。

（2）在实时任务调度上，针对实时弹性任务进行调度，提出了一种基于资源预留的基本周期调整算法，对硬实时任务进行资源预留，以适应软硬实时任务共存的系统。同时，在原有性能指标函数的基础上，总结出一种以任务资源利用率变化为参数的性能指标函数来调整任务周期。针对弹性任务调度中假定任务执行时间预先确定，导致任务调度成功率较低的问题，提出了一种基于反馈机制的实时弹性任务调度方法。

目前针对系统过载问题的研究大都是在系统发生过载后，通过反馈来及时有效地制止，没有从根本上避免过载的发生。我们利用回归模型与非精确计算设计了一种提前预防系统过载的策略，该策略面向多任务系统，对每个任务进行跟踪，并在所有任务利用率之和大于系统最大利用率时提前进行调整，从而避免过载现象的发生。

（3）针对异构 MPSoC 节能问题，总结出现有算法中的优点及存在的不足，结合动态电压缩放技术提出了一种基于关键任务分析的低功耗调度算法（CT-LPS）。与传统算法相比，我们提出的策略对算法中的调度方法进行了细化，利用关键任务能有效控制任务调度长度的优点，利用经典的列表调度思想确定任务节点在各自的电压级别下的执行顺序；根据每次调度的完成时间与任务截止期之间的松弛时间对任务节点进行电压缩放，在缩放的过程中充分考虑任务的能耗梯度，优先处理对系统能耗影响更大的任务节点。

在该基础上进一步提出了基于动态电压缩放技术和遗传算法的一种节能调度算法 ESIGSP。该算法首先针对传统遗传算法容易陷入局部最优的缺陷，通过改进影响群体多样性的选择算子和群体更新机制，拓展算法的解空间，进而确定任务优先级，采用链表调度确定任务执行顺序；然后，根据任务能耗和时间属性，提出一种任务缩放优先级的计算方法，在不违背任务截止期和依赖关系条件下，反复选择具有最佳节能效果的任务进行电压调节，优化每次遗传迭代过程中的系统能耗；最后，通过多次遗传迭代操作选择全局最优调度方案，实现异构 MPSoC 的节能调度。我们选择在节能调度上具有代表性的两个算法进行对比分析，分别是基于能量梯度的 ASG-VTS 算法和基于嵌套遗传算法的 EE-GLSA 算法。

（4）针对异构 MPSoC 日益严峻的温度问题，基于一个更为实际的温度模型，以系统峰值温度最小化为优化目标，提出了一种新的温度感知调度算法。该算法首先考虑漏极功率、温度、电源电压之间的关系，根据系统的热属性建立一个温度模型；对任务初始分配为最大电压模式，采用关键路径调度算法确定任务的执行顺序；最后，基于温度模型计算任务的执行时温度，选择具有峰值温度的任务进行电压缩放，从而对系统温度进行优化。为扩展算法的搜索空间，采用随机分配方式改变部分任务的分配，设置算法最大迭代次数及无效搜索次数，进行循环寻优。我们介绍的方法所考虑的温度模型更为实际，采用动态电压缩放技术对具有峰值温度的任务进行缩放，从而更有效地降低系统峰值温度。

（5）从算法应用及测试验证的角度，对所提的部分算法进行了应用研究。根据不同的应用需求及实际设计中处理器的限制，从应用和测试的角度出发，对提出的算法开展应用研究。首先对所提出的软硬件优化划分算法进行应用研究，用于解决化学计量分析过程中"数学分离"算法的嵌入应用所面临的复杂计算问题。该问题可抽象为三维数阵的分解，涉及大量的高维矩阵运算。在分析算法的计算特性基础上，采用通用处理器和可重构资源相结合的方式进行系统整体结构设计。基于所设计的嵌入式系统，采用我们介绍的软硬件划分方法指导任务的划分，实际应用效果验证了所提的算法在提升系统性能方面的有效性。另外，为了验证所提的节能调度算法，选用具备较好电源管理功能的 PXA255 芯片进行嵌入式测试系统设计，具体实现处理器中的动态电压缩放技术。基于该技术，采用节能调度方法，以 AVS 视频解码任务为实例，进行任务节能调度研究。

第二章 异构 MPSoC 任务调度的研究现状

在异构 MPSoC 中任务调度技术是发挥其性能的一项重要技术，该技术是多处理器架构系统中的研究热点和重点。由于任务调度问题是一个 NP 难问题，因此通常不能求得最优解，研究人员会根据处理器的特征，采用相应的启发式算法来进行任务的调度。在本章中将对异构 MPSoC 中任务调度的硬件体系架构、任务调度的分类情况、任务模型的种类，以及任务调度的框架、任务调度的具体方法和相关的启发式算法进行介绍和分析。

2.1 异构 MPSoC 体系结构发展

芯片技术的不断发展，推动着处理器技术的不断发展，同时带来了处理器架构设计的重大变化，其中最显著的特点就是处理器的内核所采用的架构类型越来越多，如 FPGA、DSP 和 ARM 等架构，同时异构 MPSoC 系统中处理器内核的数量和采用的内核种类变得越来越丰富。本节主要介绍常见的集中嵌入式处理器内核的结构和带有可重构资源的异构 MPSoC。

2.1.1 处理器内核架构

在嵌入式系统这个特殊领域，因其对系统的大小和能耗有具体要求，所以通常在设计时，不会采用传统的通用处理器，而是采用面向具体嵌入式应用的专用处理器内核。本节将重点介绍 FPGA、DSP 和 ARM 三种处理器架构。

1. FPGA 架构

FPGA 是在可编程阵列逻辑（Programmable Array Logic，PAL）、通用阵列逻辑（Generic Array Logic，GAL）、可编程逻辑器件（Programmable Logic Device，PLD）等可编程器件基础上发展的产物。FPGA 的基本单元

是逻辑单元阵列（Logic Cell Array，LCA），其内部由可配置逻辑模块（Configurable Logic Block，CLB）、输入输出模块（Input Output Block，IOB）和内联总线组成。通过对 IOB 模块和 CLB 模块的配置，用户可以实现其需要的功能。FPGA 是采用线下静态编写代码和在线动态重构的方式，因此设计人员可以通过类似软件编程的方式来对硬件进行配置。这有利于提高嵌入式系统的灵活性、可靠性和集成度。由于微电子技术以及电子设计自动化技术的飞速发展，使得 FPGA 的时延减小到纳秒级，同时加上其具有的内部并行工作方式，在对实时性能有着较高要求的应用上具有更高的实用价值。目前 FPGA 市场主要的供产商为 Altera 公司和 Xilinx 公司。

2. DSP 架构

数字信号处理器（Digital Signal Processor，DSP）是一种面向数字信号处理的特定微处理器。DSP 采用其特有的完整指令系统，主要由控制单元、运算单元、存储单元和各种寄存器组成，外部设备可以与其进行相互通信，能够兼顾软件和硬件的功能。DSP 的结构带有数据总线和地址总线，数据和程序的存储空间不同，处理器计算时，取指令和执行指令操作可以同时进行，在执行前一条指令的同时可以读取下一条指令并译码，进而提高了处理效率。同时 DSP 通常采用 RSIC 指令集，通过对其进行优化后，使得其对定点数的乘加运算在一个时钟周期内完成，因此，对于复杂性较高的多数据任务而言，DSP 具有很高的实用性。DSP 在数字信号处理中的 DCT 和傅里叶变换中涉及的乘加运算方面具有先天优势，因此被广泛应用于雷达、通信、图像处理、语音处理等领域。美国的德州仪器公司是 DSP 制造商，其数字信号处理技术具有世界统治地位。

3. ARM 架构

ARM 架构，即高级精简指令集机器（Advanced RISC Machine），是采用 RISC 指令集的处理器架构。凡是采用 ARM 内核架构进行设计的处理器都被称为 ARM 处理器。因其性能卓越、低能耗，被广泛应用于工控、通信、手机以及消费类电子类领域，成为嵌入式应用的一种重要技术。ARM 公司并不依靠自身的设计来制造和生产处理器，只专注于 ARM 结构的内核设计，其架构从最初的 V1 到现在 ARM 最新的版本 V9，但目前市场中主流的产品为采用 V8 架构的 ARM Cortex-A53 系列芯片，它是消费类电子产品生产的热点。目前有许多芯片公司如恩智浦半导体、三星、任天堂、IBM、富士通等都采用 ARM 的授权进行芯片设计。本书的应用研究中所采用的嵌入式系统就采用了 ARM 架构的处理器。

综上所述，这三种不同的嵌入式处理器架构各具优点。FPGA 因其硬件功能可以像软件编程一样采用硬件编程语言实现，可以反复对逻辑单元的功能进行设计、编程、重写逻辑单元，从而在嵌入式系统的开发过程中可以构建原型系统，对所开发的应用进行设计和验证，并具有较高的效率和灵活性，当系统出现错误时，可以对硬件重新修正或者升级，因此采用 FPGA 使得嵌入系统的可靠性得到增强，产品的生命周期更长。DSP 处理器的优点在于数字信号处理运算，比如生物信息识别运算、加密解密运算、实时语音解压运算等运算量大的任务。ARM 的优点在于其为通用处理器，具有极强的通用性，能适用于不同的应用场景。在目前的实际应用场景中，往往需要综合多种处理器的优点，鉴于此，出现了将不同处理器内核集成于同一芯片的异构 MPSoC。

2.1.2　异构 MPSoC 现状

目前商用的多处理器芯片的制造厂商主要有德州仪器、惠普、英特尔、三星、IBM 等公司。这些生产厂商的处理器多采用同构设计，如目前主要用于个人电脑中的英特尔的 i9 和 AMD 的二代锐龙，以及用于服务器的 IBM 的 POWR9，都采用了同构设计。

异构 MPSoC 因为包含多种内核的处理器，不同架构的优点得以被充分利用，近年受到学术界和工业界的热切关注。异构 MPSoC 最初被用于信号处理、音视频播放器和数字电视等设备，如 Viper 处理器。德州仪器公司的 OMAP 系列采用 DSP+ARM 的结构，其主要支持无线终端应用。

本书中所指的异构 MPSoC 是带有可重构功能的，其采用可重构处理单元和通用处理器相结合的方式，从而使得该系统的灵活性和高效性显著增强，满足嵌入式系统应用的要求。在本书中将分别介绍两种最新的MPSoC，Zynq UltraScale+MPSoCs EG 系列和英特尔 Agilex F 系列。

1. Zynq UltraScale+MPSoCs EG 系列

Zynq UltraScale+MPSoCs EG 芯片是 Xilinx 公司于 2016 年发布的第二代MPSoC 产品，其芯片结构如图 2.1 所示。

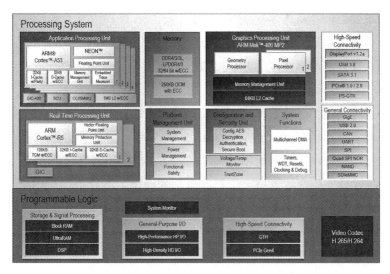

图 2.1　Zynq UltraScale+MPSoCs EG 芯片结构

Zynq UltraScale + MPSoCs EG 芯片的应用处理单元包括：四核 Arm Cortex-A53 MPCore（高达 1.5 GHz）包含 L1 Cache 和 L2 Cache，并具有 256 KB 的片上存储；NEON 协处理器，该协处理器是 ARM 公司开发专门用于处理 SIMD 指令的处理单元，实时处理单元为双核 Arm Cortex-R5F MPCore（600 MHz），同样该处理器具有高速缓存和片上存储。图形处理单元为 GPU Arm Mali-400 MP2（667 MHz），含有多种片外存储接口、动态存储接口（DDR4、LPDDR4、DDR3、DDR3L、LPDDR3）和静态存储接口（NAND 接口，2 个 Quad-SPI 接口），以供用户选择。它还具有丰富的对外接口，高速接口包括 4 个 PCIe Gen2 接口、2 个 USB3.0 接口、1 个 SATA3.1 接口、1 个 DisplayPort 接口和 4 个 Tri-mode Gigabit Ethernet 接口。通用接口包括 2 个 SD/SDIO 接口、2 个 USB2.0 接口、4 个 32 位的 GPIO 接口、2 个 CAN2.0 接口、2 个 SPI 接口、2 个 UART 接口和 2 个 I2C 接口。同时该芯片还提供了电源管理功能，用户可以对电源进行调节，使用安全套件 RSA、AES 和 SHA 等加密引擎增加系统的安全性能。此外还增加了 AMS 管理，用户可以对温度和电压进行监控。如此强大的功能单元使得该芯片的处理系统具有极其强大的性能和广泛的应用场景。

根据具体型号的不同，Zynq UltraScale+MPSoCs EG 系列芯片的可编程逻辑单元配备 80 K 至 1143 K 个逻辑单元，大约相当于 1.2 M 至 17.1 M 个逻辑门电路，内存从 3.8 M 到 70.6 M 以及 DSP 处理单元 DSP Slice。该部分还包含视频编解码单元支持 H. 265/H. 254，以及 PCI2 Gene4、GTH 高速接口和高性能和高密度的 I/O 接口，使得该可编程逻辑单元同样具有强大的性能和信号处理能力。

该芯片采用 16 nm 技术进行封装，使得该芯片在不减少处理能力的情况下，具有更小的尺寸。值得一提的是该芯片还支持人工智能和机器学习，支持卷积神经网络的通用框架，同时还可以采用训练好的 AI 模型。体积更小、功能更强大、支持人工智能应用使得该款芯片更加适用于当前嵌入式系统应用的迫切需求。

2. 英特尔 Agilex F 系列

英特尔 Agilex F 系列 FPGA 时英特尔公司于 2019 年推出的片上可重构多核系统，其结构如图 2.2 所示。

图 2.2　英特尔 Agilex F 系列架构

该 SoC FPGA 的硬处理系统同样采用四核 Arm Cortex-A53 MPCore 处理器，支持 DDR4、QDR IV 存储接口，以及 AES、SHA-256、PUF 等加密引擎以保证数据的安全性。

可编程逻辑单元最高为 269 K 个逻辑单元，收发器的速度最高可达 58 Gps，具有 8 K 数字信号处理（DSP）区块，其嵌入式内存最大可达 287 Mb，同样具有 PCI2 Gene4 高速接口，使得数据传输延迟进一步降低。

英特尔 Agilex F 系列采用 10 nm 封装技术，其架构性能比其他厂商 7 nm 技术的性能调高约 2 倍，同时其使用成熟的嵌入式多芯片互连桥接（EMIB）技术进行芯片间的互联，可以提高系统的性能。

该系列产品的目标应用领域为边缘计算/嵌入式、网络/NFV 和数据中心等领域，帮助企业优化升级。

许多学术研究人员也专注于多处理器技术的研究，针对处理器模型的设计提出了多种方案。美国斯坦福大学的 Hammond L 等于 2000 年提出了 Hydra 处理器芯片，该处理器具有 4 个核心，每个核心采用 MIPS 处理器。美国麻省理工学院的 Taylor M B 等于 2002 年提出了 RAW 处理芯片，该芯片由 16 个 Tile 单元和一个片上网络组成，同时该处理器芯片的片上网络是可编程的，因此其通信效率更高。

在异构多处理器模型方面，德国汉诺威大学的 Friebe L 等提出的 HiBRID-SoC 芯片就是一个典型的异构多核处理器，其由 2 个 DSP 和 1 个 RISC 内核处理器组成。然而在当时针对带有可重构资源的异构 MPSoC 的研究，大多还处于设计和验证上。美国加州大学的 Givargis T 等开发出一个参数化的 SoC 设计开源平台——Platune，开发人员可按照自己的需求进行设计。美国加州大学伯克利分校的 Krasnov A 等在 FPGA 上实现了基于消息传递的多核系统——RAMP Blue，该系统主要用于对采用消息传递的分布式存储体系结构进行评估。MultiCube 项目是由多个欧洲国家工程研究的项目，主要是针对片上多核处理器系统的设计进行研究，以期在性能和功耗之间达到平衡，缩短系统的设计时间和降低系统的设计成本。

2.2　任务调度分析

2.2.1　任务调度分类

任务调度是确定任务何时以及在什么处理器上执行（多核情况），通常情况可以根据两类标准对任务调度进行划分。

1. 根据处理器的平台进行划分

根据处理器的平台进行划分，分为单处理器平台中的任务调度以及多处理器平台中的任务调度。在前一种情况下，主要是对任务的执行时间进行调度，以及优化任务所需资源的分配。后者的任务调度更加复杂，因为系统中有多个处理器的存在，首先需要将任务分配到可用的处理器上，然后确定任务的执行时间和所需资源的分配。同时任务之间如果有数据依赖关系，还必须注意任务间的数据通信。

2. 根据任务调度算法的执行时间进行划分

根据任务调度算法的执行时间进行划分，分为静态任务调度和动态任务调度。静态任务调度算法又可以称作离线任务调度，任务执行的顺序在系统运行之前就已经确定，任务的依赖关系、执行时间和截止时间已知，按照调度算法进行任务的调度和资源分配。在系统运行时，任务按照前面的调度执行。其不需要对任务的状态进行监控，实时对任务进行调度和资源分配，任务的调度不会额外占用系统的开销，通常静态调度用于周期任务的调度，其必须知道任务的相关属性，同时不能处理非周期性任务，当运行环境发生改变时其适应能力很差。

动态任务调度又可称为在线任务调度，即在系统运行时，根据当前所到达任务的属性和环境进行分析，对任务进行实时的调度。因其不可预测性使得系统的整体性能不高，同时调度算法也会带来一定的运行开销，但可根据运行环境的变化进行调整，对非周期性任务进行调度，具有很好的适应性。

在实际的应用中，并不止上面两种分类方法，可能会采用多种分类方式相结合的任务调度。本书中主要是多处理器平台上的静态任务调度，主要采用了如今比较流行的启发式算法进行任务的调度。

2.2.2 异构 MPSoC 常用任务模型

常用的异构 MPSoC 任务模型主要分为三类：①经典周期任务模型；②DAG任务模型；③其他任务模型。

1. 经典周期任务模型

该模型最早由 Liu 和 Layland 提出，它对任务的抽象较好，设计人员无需关心底层细节和应用的具体实现，任务的可调度性可以通过多种数学方法进行分析。详细情况如下：①任务产生的周期固定，并且每个周期之间有一定的间隔时间；②每个任务都有截止时间，即需要在该时间之前完成；③任务之间相互独立，没有依赖关系，不会造成相互影响；④每个任务都有一定的执行时间；⑤非周期任务是系统的特例，没有截止时间，在系统运行中，非周期任务将会替代周期任务进行执行。

众多的实时任务模型都是以该模型为基础，但因为早期为单处理器架构，不适用于多处理器平台。2004 年，Baruah 等提出了一种新的周期任务模型，主要对多处理器平台的任务进行建模，同时因为在该模型中相同任务在不同处理器上具有不同的执行时间，从而使得该模型可以适用于异构多核平台。

这些模型精简了任务的描述，但其任务之间是相互独立的，没有依赖关系，其并不适用于实际应用。在实际应用中，由于任务之间的相互依赖关系，使得后续任务需要在其所依赖的所有任务都执行完成后才能执行，同时任务之间的数据传递还会带来相应的通信开销。

2. DAG 任务模型

有向无环图（Directed Acyclic Graph，DAG）是极其经典的任务模型。在对异构 MPSoC 的任务进行建模时，通常采用 DAG 模型。DAG 图可以对任务的相关信息进行表达，任务之间的相互依赖关系可以用有向边进行表示，每一个节点和边都可以具有相应的权值，刚好可以用于表示任务开销和任务之间的通信开销。

本章用具体的例子进行异构多处理器平台上 DAG 调度模型的介绍，用一个二元组（T, $Comm\_Cost$）来描述 DAG 图，其中

$T = \{T_i \mid T_i$ 为第 i 个任务，其中 $i \in \{1, 2, \cdots, n\}$，$n$ 是系统总的任务数$\}$；

$Comm\_Cost = \{Comm\_Cost_{ij} \mid$ 表示任务 T_i 到 T_j 的通信开销即有向边 e_{ij} 的权值，如果任务之间无有向边则 $Comm\_Cost_{ij}$ 为 $+\infty\}$。

在任务的 *DAG* 图模型中，任务 T_i 的所有父节点用 F(T_i) 来表示，即 F(T_i) = $\{T_j \mid Comm\_Cost_{j,i} \neq \infty\}$，父节点的个数即为 T_i 的入度，而其子节点的个数则为 T_i 的出度，如果任务的入度为 0，则为根节点，如果任务的出度为 0，则为叶节点，在任务执行过程中当任务 T_i 的父节点集合中的所有任务执行完毕并且数据就绪时，任务 T_i 才能执行。

图 2.3 为一个任务模型的 *DAG* 图，一共有 7 个节点，其中每一个任务由一个节点表示，任务之间的依赖关系由节点之间的边表示，通信开销由边的权值表示。表 2.1 是不同任务在不同处理器上的执行时间，本例中异构 *MPSoC* 的处理器为 3 个不同性能的处理器，分别由表中的 P_0、P_1、P_2 表示。

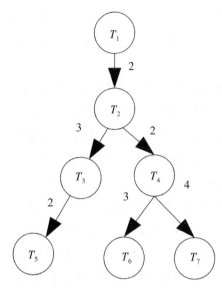

图 2.3　DAG 图示例

表 2.1　任务执行时间与处理器对应关系

处理器 任务	P_0	P_1	P_2
T_1	6	5	7
T_2	5	4	6
T_3	7	5	4
T_4	3	5	4
T_5	9	6	4
T_6	4	6	3
T_7	2	4	9

3. 其他任务模型

上述两种模型，都要求任务的属性具有确定性，即任务的属性不会发生变化，但是在有些特定应用中，任务的属性可能发生变化，因此出现了一种非精确任务模型以针对任务属性可变的情况，如任务的截止时间不再是一个定值，而是在一个区间内，即在该时间范围内完成该任务即满足系统性能要求，其中弹性任务模型是一个典型的非精确任务模型。

该模型基本描述如下：

（1）采用五元组 $Task_i = (Time\_exe_i, Cycle_i, Cycle_{i\_min}, Cycle_{i\_max}, r_i)$ 表

示任务。其中 $Time\_exe_i$ 表示第 i 个任务的执行时间，其固定为该任务的最差执行时间。$Cycle_i$ 表示第 i 个任务的当前执行周期，$Cycle_{i\_min}$ 表示第 i 个任务的最小执行周期，$Cycle_{i\_max}$ 表示第 i 个任务的最大执行周期。最小执行周期表示该任务的最早开始时间，最大执行周期表示该任务的最晚开始时间，因此任务开始执行的时间不能早于最小执行周期，也不能晚于最晚开始时间。r_i 为弹性系数，其值大于、等于 0，弹性系数的大小可以表示任务的重要程度，r_i 越大表示其在可调度任务集合中的优先级越低，反之就优先级越高。

（2）因为任务的执行周期是可变的，任务占用系统资源的利用率也会随之变化。$Task_i$ 的系统资源利用率 $e_i = Time\_exe_i / Cycle_i$，$e_i \in [e_{i\_min}, e_{i\_max}]$ 其中 e_{i_max} 表示资源利用率的最大值，$e_{i\_max} = Time\_exe_{i\_max} / Cycle_{i\_max}$，$e_{i\_min}$ 表示资源利用率的最小值，$e_{i\_min} = Time\_exe_{i\_min} / Cycle_{i\_min}$，系统总的资源利用率 $e = \sum e_i$，其为所有任务资源利用率之和。

弹性任务模型仅给出了该模型相关的基本定义，以及相关参数，可以根据具体的应用，对其进行调整，以适应新的需求。

在本书中，所有的任务都是按照周期固定到达，并且任务之间存在相互依赖关系和数据传输的通信开销，采用 DAG 图对任务进行建模，在此模型之上进行任务调度算法的研究。

2.2.3 异构 MPSoC 任务调度结构

在异构 MPSoC 系统上的任务调度，因其异构性，不同处理核具有的性能可能有所不同，同一任务分配到不同的处理核，其执行的时间不相同，因此首先要将任务分配到具体的处理核，再进行任务资源的分配，这个过程被称作任务划分。在任务划分方案确定以后，根据任务之间的相互依赖关系，确定任务的执行顺序和方式，被称作任务的调度。通常而言，广义的任务调度包含上述两个阶段，即要最终确定任务的执行方案，在计算机领域所提到的任务调度，通常为广义的任务调度。

从系统层面上来讲，异构 MPSoC 的任务划分和调度是无法分割的。没有任务划分，任务就无法分配到处理器上，从而无法进行调度；而没有任务调度，则不能检测任务划分结果的好坏，每种任务划分算法只有在完成任务调度之后才能检验其效果。任务划分和调度密不可分，通过任务调度，评估本次划分情况，如果效果不理想，则需要重新进行划分，再次进行调度，从而形成一个循环，直到任务划分与调度的效果理想为止。对于具有可重构资源的异构 MPSoC，它的一个重要特征就是任务既可以放在硬件上执行，也可以放在软件上执行，从而在常规的多处理器任务调度之前增加了一个软硬件划分的过程。软硬件划分过程其实与前面所描述的异构 MPSoC 调度结构类似，只是更注重任务的划分过程，当任务完成划分之后，就可以根据任务的计算属性计算出系统的性能参数，任务调度过程就变为一个对划分效果的计算评估过程。异构 MPSoC 的任务调度结构如图 2.4 所示。

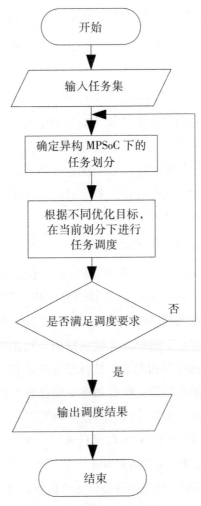

图 2.4　异构 MPSoC 任务调度结构

在计算机科学中，通常假设被分配到同一处理核上的任务之间的数据通信开销为 0，分配到不同处理核上的任务，因为依赖关系需要进行的数据通信开销是固定的，不会因处理器内核的不同而改变。在任务划分时，会因为任务分配的处理核的不同带来不同的数据通信开销，在任务划分中其是判断划分结果好坏的标准之一。图 2.5 用一个简单的例子来说明不同的任务划分带来不同的数据通信开销。

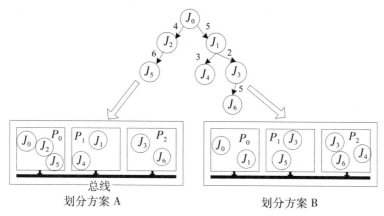

图 2.5　任务划分示意图

如图 2.5 所示，该应用中一共有 7 个任务，该系统一共有 3 个处理核 P_0、P_1、P_2，每个核采用共享总线进行数据通信。在方案 A 中，分配到 P_0 的任务为 J_0、J_2、J_5，分配到 P_1 的任务为 J_1、J_4，分配到 P_2 的任务为 J_3、J_6。其处理核之间的数据通信总开销为 7。在方案 B 中，分配到 P_0 的任务为 J_0、J_1，分配到 P_1 的任务为 J_2、J_5，分配到 P_2 的任务为 J_3、J_4、J_6。其处理核之间的数据通信总开销为 9，因此方案 A 是优于方案 B 的。

在任务划分过程中，通常不考虑任务的最终执行情况，从而针对异构 MPSoC 的任务划分问题可用甘特图来表示，它是一个如下的七元组：

$$G = (PE, J, C_L, EPST, EPFT, LAST, LAFT);$$

其中，

（1）$PE = \{P_i \mid i = 1, 2, \cdots, n\}$，总共 n 个处理单元。在异构 MPSoC 中，各处理单元可能在频率或功耗等性能方面存在差异；

（2）$J = \{J_{i,j} \mid J_{i,j}$ 是划分到 P_i 上的第 j 个任务$\}$。任务集合 J 可以看作一个由任务节点和处理单元组成的二维矩阵，不同的划分方案表示二维矩

阵 J 中的元素不同；$C_L = \{c_{li} \mid c_{li}$ 表示划分到 P_i 上的有序任务队列$\}$，在任务划分完成之后，各处理单元负责各自的任务队列，任务队列 c_{li} 中第一个元素是处理单元 p_i 的第一个任务，最后一个元素是 p_i 的最后一个任务，对于任务 $J_{i,j}$ 而言，其前驱任务是 $J_{i,j-1}$，后继任务是 $J_{i,j+1}$；

（3）$EPST = \{epst_{i,j} \mid epst_{i,j}$ 为任务 $J_{i,j}$ 的最早期望执行时间$\}$，$epst_{i,j}$ 表示任务节点 $J_{i,j}$ 在处理单元 PE_i 上可以执行的最早时间，其随着任务划分方案的不同而有所区别；$EPFT = \{epft_{i,j} \mid epft_{i,j}$ 表示任务 $J_{i,j}$ 的最早期望结束时间$\}$，$epft_{i,j}$ 的意义与 $epst_{i,j}$ 类似，也是随着不同的划分而有变化；

（4）$LAST = \{last_{i,j} \mid last_{i,j}$ 表示任务 $J_{i,j}$ 的最晚开始时间$\}$，任务节点 $J_{i,j}$ 在处理单元 PE_i 上的执行时间必须先于 $last_{i,j}$，否则任务将发生截止期错失；

（5）$LAFT = \{laft_{i,j} \mid laft_{i,j}$ 表示任务 $J_{i,j}$ 的最晚结束时间$\}$，任务节点 $J_{i,j}$ 必须先于 $laft_{i,j}$ 完成，否则系统不能满足实时性要求。

任务划分之后的任务调度就是确定每个处理器上任务队列的执行顺序，并对其进行资源分配。由于要考虑多处理器之间的任务通信和数据依赖，从而该调度问题比单处理器更为复杂。

对于具有可重构功能的异构 MPSoC，将在第三章、第四章中针对软硬件划分开展研究。对于运行在典型异构 MPSoC 上的复杂任务，在没有进行任务调度之前，难以确定采用哪种划分方案可以取得更好的效果，通常是在任务划分时采用随机方法，然后通过任务调度来检验系统效果，如果调度结果不满足要求，则再次进行随机划分和任务调度。任务调度算法则是这类系统的研究重点，第五章至第九章将在不同约束下针对异构 MPSoC 的任务调度问题开展研究。

2.3　异构多处理器任务调度相关研究

2.3.1　异构多处理器任务调度方法

任务调度是计算机科学中一个重要的研究课题，主要是对将应用的任务按照一定的顺序安排到处理器执行的过程。

在 1973 年 Liu 等人就提出了一个经典周期任务模型，该模型主要是面向硬实时系统，并且在其文中给出了最早截止时间优先（Earliest Deadline

First，EDF）算法和单速率（Rate Monotonic，RM）算法。这两种任务调度算法对后续研究有着极其深远的影响，他们的工作在任务调度上具有开创性的研究。后续又相继出现了许多经典的任务调度算法，如先到先服务、时间片轮转、截止时间单调度等算法。这些早期的工作主要是针对单核处理器，对于多处理器而言，不能将其直接移植用于任务的调度。

随着多处理器深入各个应用领域，有效利用其强大的计算性能受到越来越多研究人员的关注。如何面向多处理器系统，提出高效的任务调度算法是一个重点问题。对于调度算法而言，调度的目标通常为降低 MPSoC 的能耗、提高 MPSoC 的性能或者提高 MPSoC 的可靠性等。在研究初期，在异构多处理器平台上的任务调度问题是一个 NP 问题，很难在多项式时间内求得问题的最优解。异构多核处理器平台上的任务调度是一个巨大的挑战，吸引了大量的研究人员，越来越多的调度算法如雨后春笋般出现。

Haluk Topcuoglu 等人提出的基于处理器上关键路径（Critical Path On a Processor，CPOP）和异构最早结束时间（Heterogeneous Earliest Finish Time，HEFT）算法，是异构多处理器系统任务调度十分经典的调度算法。

HEFT 算法根据任务的平均执行时间和平均通信时间来计算每个任务的优先级 Rank（Vi），将任务按优先级放到最早开始的处理器上执行。在大多数情况下，该调度机制都满足任务尽早开始的要求。HEFT 算法的基本机制如下：根据任务的 Rank（Vi）对任务从后至前依次进行调度。这种根据任务最早开始时间进行调度的机制降低了算法复杂度，但同时处理器的利用率有待提高；另外，由于算法每一步都只对单个任务进行，从而缺乏对系统的全局规划。这样使得与前趋节点距离近的任务能够尽早地完成，但并不能保证整个任务集都能尽快地完成。

另外一个算法 CPOP 是针对异构多处理器系统的实时任务调度算法。该算法考虑到 HEFT 算法存在的问题，不是单纯地依靠最早开始时间来对任务进行调度，而是首先对位于关键路径上的任务进行调度，通过优先关键路径上任务的执行，从而实现整个任务执行效率的提升。具体操作就是先找出所有位于关键路径上的任务，然后将这些任务划分到能使该关键路径执行时间最短的处理器上执行。但 CPOP 算法没有考虑如何减少任务间的通信开销，只考虑任务图中的关键路径，不能保证任务尽早完成，存在一定的局限性。同时，这种分配机制导致执行关键路径的处理器负载偏重，而其他处理器利用率并不一定很高，从而降低了处理器的利用率，导致处理器负载不均。

此外，在异构多处理器系统任务调度算法中，经典的启发式算法还有Max-min、Min-min、Sufferage 等。Max-min 算法首先计算任务的预期完成时间（Expected Earliest Completion Time，EECT），然后优先调度 EECT 最大的任务，优先对其进行资源分配。这种调度方法可以保证颗粒大的任务较好地被执行，能够在一定程度上实现负载均衡。但该方法没有考虑任务的执行频率，对于那些执行频繁的小任务，提高它的执行优先级可能会取得更好的整体性能。

同 Max-min 算法相似，Min-min 算法也是根据任务的 EECT 来确定任务调度优先级。不过，Min-min 算法将 EECT 最小的任务对应最高的优先级，即将颗粒小的任务优先分配到最佳处理器上，依次完成任务的划分。该算法实现简单、复杂度较低，但算法策略单一，在按 EECT 从小到大顺序对任务划分时，容易引起处理器负载不平衡。

Sufferage 算法在 Max-min 和 Min-min 算法的基础之上进行改进。对于每个任务，计算其次早完成时间（放在次优处理器上执行的时间）与最早完成时间的差值，该差值命名为 Sufferage 值，反映出各个任务的调度代价。Sufferage 算法按 Sufferage 值从大到小确定任务的优先级，以保证调度所带来的代价最小。但该算法只考虑任务单次执行的情况，没能考虑任务的执行频率，从而不能计算在一段时间内的总代价，不能取得很好的负载均衡，也没有考虑任务最早完成时间，故系统总的执行时间难以最优。

另外，Sanjoy Baruah 教授及其小组在任务调度与分析领域的研究比较活跃，相继发表了一系列有影响的文章。在文献［1］中，作者给出了异构多处理器系统任务划分问题的定义，提出一个任务划分方法并证明之。此文研究对象形式化，并提出了一个解决此 NP 问题的有效方法。任务划分的问题可描述为：有一组任务，和一组可以执行任务的处理器，根据处理器执行任务的速度，能够在符合一些约束条件的情况下将任务分配到各个处理器上执行。但是上述的形式化模型有一些重要的假设：任务的独立性、任务间无通信开销。通过对问题的形式化定义，作者将多处理器上任务划分问题作为一个整数线性规划问题来解决。在文献［2］中，Sanjoy Baruah 教授基于与上文相似的形式化模型，重点研究了局部调度和全局调度的问题，针对异构多处理器系统提出了一个多项式时间的全局调度算法。2006 年，Sanjoy Baruah 教授对已有的多年工作做了一个小结，并对具有 Deadline 约束的周期任务在多处理器上的调度问题进行研究。针对前人的工作，作者放松了一些假设和限制，使得问题模型更加接近实际，并开发了有效的算法。文献［3］中则开始考虑可抢占式任务的划分调度问题，研究对象是同构多处理器平台上的周期任务模型，作者认为这是一个集装箱问题（NP 难）。

Sathish Gopalakrishnan 等基于 Sanjoy Baruah 教授相同的形式化模型，研究了通过任务的"复制"执行，增加系统可靠性的问题。实际上，通过"冗余"来增加系统可靠性并不是新方法。该文主要是通过复制一个任务的多个备份在不同的处理器上运行，从而在多处理器平台上通过任务级的冗余来提高可靠性和调度成功率，思路较新颖，其主要贡献就是提出一个任务划分与复制的全多项式近似时间算法。Heng-Ruey Hsu 等采用了与 Sanjoy Baruah 的研究相似的任务形式化模型，针对给定能耗的约束下实时周期任务的调度这一个 NP 问题，给出了一个近似优化算法。

有研究人员从存储的角度出发进行任务的调度，以降低系统的执行时间和能耗。文献［4］针对带有多种存储层次的 MPSoC 系统，为降低内存访问速度提出了两种算法。第一种使用整数线性编程方法，以便在尽可能短的时间内安排任务时将内存访问成本降至最低；第二个是启发式算法，可以通过线性运行时间达到接近最佳的结果。文献［5］提出了一种有效基于迭代的任务的 FIFO 协同调度算法，以优化 FIFO 大小分布和任务/FIFO 分配。实验结果表明，第一种算法优于负载均衡算法和最高访问频率优先算法。

同时，各研究者根据不同的应用需求，提出了多类调度算法。为了提高系统性能，文献［6］提出了异构和可扩展 MPSoC 的多任务映射/调度技术。为了应对不断增长的计算需求提高多核的利用率，该技术考虑了数据并行性和任务并行性。Arnold 等人分析了动态任务调度、处理单元分配和数据传输管理对异构 MPSOC 系统性能的影响。因此，需对运行时间调度单元的所有部分进行分析，以便于瓶颈的识别并评估其复杂度。接着他们针对专用任务调度单元控制的异构 MPSoC 进行研究。该控制单元称为核心控制器（Core Manager），负责动态数据依赖性检查、任务调度、处理单元分配和数据传输管理。文中分析和比较三种不同的核心管理方法，每个分析模型都由该控制器实现，模型的配置参数通过系统分析确定。文献［7］提出了一个在线异构双核调度框架，用于具有实时约束的动态工作负载。通用处理器和协同处理器核心具有不同调度策略的独立调度器，并且通过两个调度器之间的交互来处理任务之间的优先级限制。该框架还可配置为低优先级在前和高系统利用率的模式。然后，将此框架推广到具有经典调度模式的异构多核系统。在此基础上研究人员不仅提高系统的性能，还考虑系统的能耗效率。在文献［8］中，对静态方法和动态方法进行分析。该文提出了改进的评分调度与粒子群优化技术相结合的算法，利用粒子群优化技术提高系统的效率和性能。在文献［9］中，采用排队论，将异构系统任务优化调度进行数学描述，使其成为一个优化问题。该文提出的方法具有一般性和实用性，能较高地提升系统性能并提高能耗效率。在文献［10］中，采用智能任务调度器提高系统性能和能耗效率。他们假设这些任务在环境中是独立的，具有硬实时约束和多核系统，可以控制处理器更改时钟周期的速度和功耗水平。此外，还提出了计算任务完成率和能耗上界的方法，使得调度结果接近最佳性能。文献［11］从系统的可靠性方面考虑进行任务调度。在异构 MPSoC 系统上，提出了一种新的基于最早完成时间的异构算法来进行带有实时约束的依赖任务调度，以最大化软件错误可靠性和生命周期可靠性。该算法通过使用模糊支配来评估候选解决方案的相对拟合值，从而寻求最佳的解决方案。

在具有一定灵活性的实时多任务系统中，设计高效的实时任务调度方案是保证任务顺利完成的关键。实时系统对于任务临时过载问题，通常有两类处理方案。一类是直接丢弃一些不重要的任务，使得系统可正常运行。另一类是降低任务服务质量，使整个系统负载在可承受范围内，也就是弹性调度。文献［12］提出了一种实时异构系统的集成动态调度算法。该算法利用非精确计算来建立任务模型。在这个任务模型中，每一个软实时任务都有多个逻辑版本，同一任务的不同逻辑版本具有不同的运行时间。同时，任务的每一个逻辑版本都代表了任务的一个服务等级。在模型预测到将要发生截止期错过时，通过向用户提供具有可接受质量的近似结果来进行降级。由于软实时任务的截止期即使被错过也不会引起十分严重的后果，因此，允许其在截止期之前只被部分地完成。在此模型上，作者提出一个新的任务分配策略以及软实时任务的服务质量（Quality of Service，QoS）降级策略，以统一方式完成了对实时异构系统中硬、软实时任务的集成动态调度，提高了算法的调度成功率。

近几年，国内主要刊物上关于多处理器任务调度的研究并不很多。在早期，中国科学院软件研究所的戴国忠、王宏安等人发表了一系列研究成果，采用集中式的调度方案，考虑任务划分策略及软实时任务的服务质量，以统一方式完成对实时异构系统中硬实时和软实时任务的集成动态调度，提高了算法的调度成功率。此外，一些研究也对多处理器调度问题提出了新的算法和见解。其中，文献［13］以提高现有启发式算法的性能为出发点，提出了一个异构分布式系统的动态 BLevel 优先算法。该算法选择就绪任务中动态 BLevel 值最大的任务，考虑任务之间的依赖关系，将其划分到完成时间最早的处理器上。如果超过一个处理器具有相同的最早完成时间，则将任务分配到利用率最低的处理器上执行，以降低任务调度长度。从国内近年的文献来看，更多的研究精力集中在网格调度问题的研究上，或者是对分布式并行系统的调度问题进行研究，而对多处理器的调度研究并不多。

2.3.2　任务调度启发式算法

异构 MPSoC 中任务调度是一个 NP 问题，该问题不能在多项式时间内求得最优解。计算机科学家通过对自然现象和生物活动规律，采用不停迭代的方法来对问题进行求解，使得启发式算法的种类不断增加。随着对这些方法深入研究，形成了一套自己的科学理论体系，为不同的科学问题提供求解方法。目前比较有名的有粒子群优化算法（Particle Swarm Optimization，PSO）、模拟退火算法（Simulated Annealing，SA）、遗传算法（Genetic Algorithm，GA）和蚁群算法（Ant Colony Optimization，ACO）等。这些算法是模拟生物进化、觅食或者自然行为的演变，不存在人工干预，其求解的过程具有随机的特性。在解空间中寻找解的过程中，有很大的概率求得最优解，因此这些算法被广泛地应用于求解 NP 问题。下面将对这些启发式算法进行介绍和分析。

1. 遗传算法

遗传算法的自然基础是达尔文的生物进化论，贯彻的理念就是"物竞天择，适者生存"。美国密执安大学的 J. Holland 教授受这种自然现象启发，于 1975 年在他的专著中首次对遗传算法进行了系统的论述。该算法仿照遗传机制，采用迭代寻优的方式探索最优解，具有搜索空间大、并行性好、实现方便等优点，已经广泛应用于数学寻优、机器智能、数据挖掘等领域，成为现代智能计算中的重要技术。运用遗传算法求解问题需要遵循如图 2.6 所示的过程。

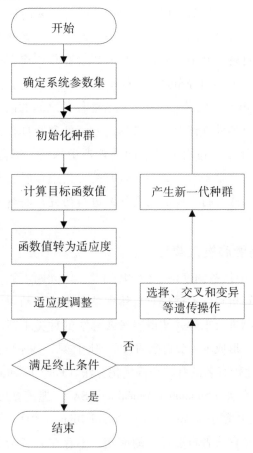

图 2.6　遗传算法流程图

如图 2.6 所示，该遗传算法包含以下几个步骤：

（1）染色体编码。这是一个问题映射的过程。当采用遗传算法进行求解时，首先要将所求问题转化为遗传算法所能表达的问题。遗传算法的所有信息都是通过染色体来表示，从而需要按照问题的特征，进行特定的染色体编码。

（2）初始化种群。种群的初始化通常有两种方式，其一是根据相关领域的知识背景，推断最优解在整个解空间中的分布规律，然后按照这个规律生成初始化群体；另外一种方式是随机生成个体，然后反复选取表现最优的个体，使得初始种群中染色体数量达到预期规模为止。

（3）计算适应度。适应度对应自然界中每个生物对于环境的适应能力，是对染色体进行"优胜劣汰"的重要依据。适应度计算是根据目标函数对每个染色体进行计算，作为遗传操作的依据。

（4）遗传操作。对于遗传算法来说，其核心过程就是遗传操作。遗传操作根据生物界规律，包含 3 种操作，分别是选择、交叉和变异。选择操作根据计算出的适应度，根据一定的规则选择个体用于产生下一代，常见的规则有适应度优先方法、随机遍历抽样法、局部选择法。交叉操作是将选择出来的两个父辈染色体进行部分交换重组，用于产生子代染色体，常用的方法包括有单点交叉和双点交叉等。变异是对群体中的个体按小概率方式进行局部基因突变，常用的方法有实值变异和二进制变异。

（5）算法终止。根据待解决问题的不同，算法可在个体最优适应度达到某个阈值结束，或者种群平均适应度达到某一水平，或者是算法达到了最大进化代数。

遗传算法由于随机性强，从而搜索空间广阔，能够扩展解空间的范围。但算法在实际应用过程容易失去种群多样性而陷入局部最优。

2. 模拟退火算法

1953 年，Metropolis 等人提出了最初的模拟退火算法。该算法模拟物理中金属冶炼过程中先加热后冷却（退火）的过程：先将金属进行高温熔化，以加快原子的自由运动；然后有步骤地进行降温操作，促使原子在该过程中凝结成有序的固体。如果在凝结点附近以足够慢的速度降低温度，则金属最终一定会达到能量最低的基态。科学家们正是基于这一原理设计算法，让序列从无序状态经过模拟退火过程变得有序。1983 年，Kirkpatrick 首次将模拟退火算法运用到组合最优化问题中，引起了大家对模拟退火算法的广泛关注。

模拟退火算法之所以能找到全局近似最优解，根本原因就在于在算法中采用了 Metropolis 准则。该准则为：假定当前状态 i 具备能量 E_i，通过扰动固体中的原子，得到新的具备能量 E_i 的状态 j。如果 $E_j-E_i<0$，则直接接受新解；如果 $E_j-E_i>0$，则以一定的概率接受新解，避免算法陷入局部最优。通常这个概率 P 取值为：$p=\exp((E_j-E_i)/\beta T)$，其中 β 是 Boltzman 常数，T 是当前温度值。

采用模拟退火算法对问题求解的一般过程如下：

（1）初始化。初始化主要包括两个内容：一是设定温度初始值，即一个足够高 T_0；二是设定算法初始状态 x_0。将初始状态赋值为当前状态。

（2）对每个当前温度 T_i，设定最大的迭代次数为 N。于 $k=1$，…，N 时执行第（3）至（6）步迭代操作。

（3）产生新解 x_j。

（4）计算增量 $\Delta f=f(x_j)-f(x_i)$，其中 $f(x)$ 为评价函数。

（5）若 $\Delta f<0$ 则接受新解 x_j，否则以概率 $\exp(-\Delta f/T)$ 接受新解。

（6）如果达到终止条件，则以当前解为最优解，终止程序。

（7）否则对 T_i 进行降温，转至第（2）步。

研究证明，模拟退火算法具有渐进收敛效果，可以获得接近于全局最优解的近似最优解，可用于解决组合优化问题。但算法的收敛速度较慢，运算时间长。

模拟退火算法流程描述如图 2.7 所示。

3. 蚁群算法

科学家们通过对蚂蚁觅食行为的仔细观察后发现：蚂蚁在觅食的过程中释放有关食物源的"信息素"来召集同伙，信息素浓度越大的路径，对应被选择的概率就越大，从而形成了一种正反馈机制，最终使得最优觅食路径被越来越多的蚂蚁选择。意大利科学家 Colorni A、Dorigo M 和 Maniezzo V 正是基于这一群体智能行为，通过总结和抽象，于 1992 年提出

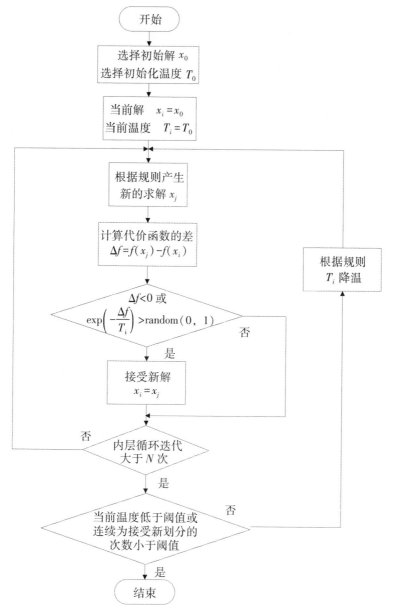

图 2.7　模拟退火算法流程图

一种模拟进化算法，用以求解一些离散系统中的优化问题。经过许多研究者的丰富和拓展，最终形成了现今用于求解最优问题的蚁群算法。

蚁群算法可以从任意初始值开始，蚁群初始选择觅食的道路（数值变化方向）是完全随机的。蚁群选择路径的方式随着其对搜索空间的"熟悉"变得具有一定的规律性，并逐渐接近，直到最后达到一个比较优秀的路径。由此可见，蚁群算法的搜索机制主要包括以下三个方面：

（1）信息素激励机制。信息素是蚂蚁之间进行通信的媒介，它能影响同伴进行路径选择的概率，信息素浓的路径，被新的蚂蚁选择的概率高。这是一个累积变量，能表达有效且非常明确的信息量。

（2）蚂蚁算法渐进性。在选择两个不同路径时，对于单个蚂蚁来说具有一定的随机性。也就是说，即使信息素浓度在某个路径上具有很大的优势，也不会导致所有的蚂蚁都同时向它集中。但是，当某些路径上留下的信息素数量越来越多时，选择该路径的蚂蚁比例会不断扩大，其信息素的强度也会越来越浓，而某些未被选择的路径上的信息素会随时间的推移而逐渐蒸发，其被选择的概率也会越来越小。最终，通过累积效应，大部分的蚂蚁会选择到一条最优的路径上去。

（3）蚂蚁的全局性和集群活动。对于单个的蚂蚁来说，使其迅捷找到接近食物的最佳途径是一个不可能完成的任务，但拥有一定数量的蚁群却完全可以进行更加全面的搜索。蚁群算法搜索机制所呈现出的这种自催化和正反馈的特征，从某个角度上说，可以理解为一种增强型学习系统。

但尽管如此，在部分极端情况下，蚁群算法可能会陷入某些局部最优解之中。而一旦陷入局部最优，使其解脱出来将会比较困难，有一定概率选择其他次优路径的意义也正在于此。

蚁群算法基本步骤如下：①进行初始化，建立 n_r 个区域，初始化每个区域的信息素 Γ_0，即 $\Gamma_i(0)=1$，$i=1$，2，$\cdots$，n_r；②对每个区域的适应度值 $f(x_i)$ 进行计算，并按照降序进行排列；③选择 n_g 只全局蚂蚁中90%的用来交叉和变异，10%的用来做路径传播；④对 n_g 个弱区域的信息素和年龄进行更新；⑤完成 n_l 只蚂蚁对区域的概率性选择；⑥若找到了适应度有改进的区域，则移动蚂蚁到该区域，同时更新信息素；否则，选择新的随机方向，增加区域年龄；⑦对所有的信息素进行挥发；⑧如果到达了期望的适应度值，或者完成了最大迭代步数，则输出最佳的区域 x_i 作为解，算法结束；否则返回步骤⑥。

蚁群优化算法的优点是求解过程不依赖于初始线路的选择，且具有记忆能力，路径调整可在搜索过程中自动进行；同时参数数目较少，设置简单，易于应用到其他组合优化问题的求解，因此，蚁群算法已被广泛应用于各个领域。但是其也存在一定的不足，主要是算法收敛速度较慢，对复杂高维问题的全局最优解的搜索能力不强，并且算法的理论基础还有待完善。

4. 粒子群优化算法

受到鸟群飞翔中捕食的协作机制的启发，Kennedy 和 Eberhart 最早于 1995 年提出粒子群优化算法。算法的主要思想是首先随机确定粒子的初始速度和初始位置，即在速度空间和位置空间对粒子进行随机初始化。取初始群体规模为 N，则粒子 i 在 D 维空间中的速度和位置分别如式（2.1）和（2.2）所示。

$$V_i = [\, v_{i1}, \ v_{i2}, \ \cdots, \ v_{iD} \,] \tag{2.1}$$

$$X_i = [\, x_{i1}, \ x_{i2}, \ \cdots, \ x_{iD} \,] \tag{2.2}$$

利用对粒子适应值的评价，第 k 代第 i 个粒子经过的最佳位置 P_i 以及全部粒子经过的最佳位置 P_g 如下：

$$P_i = [\, p_{i1}, \ p_{i2}, \ \cdots, \ p_{iD} \,] \tag{2.3}$$

$$P_g = [\, p_{g1}, \ p_{g2}, \ \cdots, \ p_{gD} \,] \tag{2.4}$$

粒子 i 在第下一代 $(k+1)$ 中的个体最佳位置为：

$$P_i(k+1) = \begin{cases} P_i(k) & if & f(X_i(k+1)) \geqslant f(P_i(k)) \\ X_i(k+1) & if & f(X_i(k+1)) < f(P_i(k)) \end{cases} \tag{2.5}$$

其中 $f(x)$ 为目标函数。群体所有粒子经过的全局最佳位置为：

$$P_g \in \{\, [\, P_1(k), \ P_2(k), \ \cdots, \ P_D(k) \,] \mid f(P_g)$$
$$= \min(f(P_1(k), \ P_2(k), \ \cdots, \ P_D(k))) \} \tag{2.6}$$

在粒子群优化算法中，每个粒子根据 P_i 和 P_g 值，在迭代中进行位置和速度的更新，具体公式如下：

$$V_{ij}(k+1) = \omega V_{ij}(k) + c_1 r_1 [\, P_{ij}(k) - X_{ij}(k) \,] + c_2 r_2 [\, P_{gj}(k) - X_{ij}(k) \,] \tag{2.7}$$

$$X_{ij}(k+1) = X_{ij} + V_{ij}(k+1); \ i=1, \ 2, \ \cdots, \ N; \ j=1, \ 2, \ \cdots, \ D \tag{2.8}$$

其中，ω 为惯性权因子，c_1 和 c_2 为加速常数，通常取值为 $0 \sim 2$，r_1 和 r_2 是 $0 \sim 1$ 的随机数。另外，粒子的移动可以通过设置位置范围 $[\, x_{\min}, \ x_{\max} \,]$ 和粒子的速度区间 $[\, -\nu_{\max}, \ \nu_{\max} \,]$ 来进行适当的限制。

粒子群优化算法的主要流程如下：①设置算法的参数，并对种群中各微粒的位置和速度进行随机初始化；②计算种群中粒子的适应值，设置个体最佳位置 P_i 和全局最佳位置 P_g；③更新各粒子的速度和位置，更新公式见（2.7）和（2.8）；④对种群中全部粒子的适应值进行计算；⑤比较每个粒子的 P_i 和当前适应值，如果当前适应值更好，则更新 P_i；⑥将当前所有的 P_i 和 P_g 适应值进行比较，若 P_i 中最小的适应值小于 P_g，则更新 P_g；⑦如果适应值足够好，或是达到了预设的最大迭代次数，则以 P_g 作为全局最优解输出，算法终止。否则返回步骤③进行继续迭代。

粒子群优化算法的主要优点是：全局收敛能力较强，收敛速度快，可解决不同领域的寻优问题；算法原理简单，不依赖问题的原始信息，且具有记忆能力，可保留种群和局部个体的最优信息；参数物理意义明确，便于调节，且容易编程实现。其主要的不足在于算法不能够绝对保证搜索到全局最优解，存在陷入局部最优解的可能性，并且算法的参数设置对于搜索性能有很大的影响，如何设置参数的理论基础有待完善，不对算法设计提供可靠指导。

2.4 本章小结

在异构 MPSoC 中任务调度技术是发挥其性能的一项重要技术，系统的性能依赖于任务调度算法。本章对异构 MPSoC 中任务调度的硬件体系架构、任务调度的分类情况、任务模型的种类以及任务调度的框架、任务调度的具体方法和相关的启发式算法进行了总结和分析。

第三章　面向可重构片上系统的静态软硬件划分方法

随着可编程器件生产、设计工艺的进步，出现了由可重构资源和通用处理器共同构成的可重构片上系统，在多媒体处理、智能控制等需要高运算量及实时性要求的领域中具有很好的应用前景。通常，可重构资源被称为硬件计算单元，具有更好的性能，但资源有限。通用处理器被称为软件处理单元，比较灵活，但运行速度较慢。软硬件划分就是在满足设计约束的条件下，将任务合理地划分到不同处理单元上执行，以实现系统目标最优化。作为系统设计中的一个关键环节，软硬件划分结果直接决定系统性能的优劣。根据目标体系结构的不同，软硬件划分问题可分为双路划分和多路划分。其中双路划分是软硬件划分问题的基础，应用广泛。本章在分析现有软硬件划分算法的理论和技术基础上，针对双路软硬件划分问题，对软硬件划分的模型、理论、方法和关键技术进行研究，拟融合贪心算法和模拟退火算法的优势，进行硬件面积约束下的软硬件划分，以实现算法在划分质量和运行时间两方面的综合优化。

3.1　引言

3.1.1　可重构片上系统概述

随着电子技术的发展，嵌入式设备走进了千家万户。从民用到军用，嵌入式系统的身影随处可见，它被广泛应用于通信设备、日常消费类电子、工业控制、国防航空等众多领域。因其应用领域的特殊性，嵌入式系统对大小、成本、功耗、安全等有着诸多要求。根据不同的分类标准嵌入式系统有不同的分类方法，但是它们都有一个共同的特征，嵌入式系统的硬件和软件都必须高效率地设计、量体裁衣、去除冗余，力争在同样的硅片面积上实现更高的性能。硬件部分主要有 CPU、Coprocessor、存储器以及其他 ASIC，软件部分主要有硬件设备驱动、Embedded Operating System、协议栈等。随着嵌入式系统用户需求和相关技术的迅速发展，嵌入式系统设计的发展趋势如下：

（1）用户需求不断增加，嵌入式系统设计的复杂性不断提高，设计规模不断增大，设计对象由单机走向分布式系统。

（2）嵌入式系统应用领域不断扩大，不同场合对系统设计的功能、功耗、实时性、面积等需求各不相同，嵌入式系统设计要求由单目标走向多目标。

（3）嵌入式技术大量应用于手机等用电池供电的移动设备中，系统设计的功耗和体积限制要求不断增强，嵌入式产品的集成度越来越高。

（4）半导体技术不断发展，硬件的集成度不断提高，系统级芯片 SoC（片上系统）的诞生使得将 CPU、存储器和 I/O 接口等 IP 核集成在单个硅片上成为可能，并且逐步成为当今嵌入式系统设计的主流。

（5）嵌入式产品更新速度加快，系统设计周期不断缩短，新产品问世时间不断减少，系统设计更加强调设计重用，软件系统更多地采用构件重用，硬件系统更多地采用 IP 核重用。

（6）不同于在通用计算机系统上开发软件，嵌入式系统是一个软件和硬件并存的系统，设计时要从软件和硬件两个领域来综合考虑问题，它们互相联系、相互补充和互相制约。

（7）可重构配置器件（FPGA）逐渐深入到嵌入式系统开发领域，给嵌入式系统带来了新的设计问题。

早在 20 世纪中叶，可重构片上系统就已经出现在工业领域，而随后 FPGA 的出现使其得到飞速发展。FPGA 是现场可编程逻辑器件，利用 FPGA 中的可编程单元，可以用编程的方式实现不同的功能，为此，FPGA 已被广泛用于可重构计算。时至今日，微电子制造工艺飞速发展，已经从当初的微米级发展到纳米级，最新的工艺达到了 7 nm 技术，从而 FPGA 上能集成更多的逻辑门。因此，在相同大小的 FPGA 上，可以实现更多的功能，其性能也得到了巨大提升。鉴于硬件实现比软件实现具有更快速度的优点，在高性能计算、无人车、边缘计算等领域广泛采用 FPGA 对具体应用进行加速。

在此之前，大量应用通常都采用专用集成电路（Application Specific Integrated Circuit，ASIC）或者通用处理器作为处理核心。计算任务通过高级语言被编写成程序，通过编译器编译为机器可以识别的语言，并转化为相应的指令，而处理器通过执行这些指令，实现应用所需的功能。任何可以用程序语言实现的应用都可以在通用处理器上完成，不需要对硬件进行改动，因而具有很好的泛化性，但其运算速度远不如用硬件实现。ASIC 顾名思义是面向专门的应用而设计的，是应用的定制版本。因其专用性，其设计符合自身特定的需求，硬件运算也能极大地提高系统的性能和任务的计算速度。但 ASIC 是专用的硬件电路，一旦生成就无法改变，只能运行特定的应用，不具有通用性。如果应用需求发生变化，需要重新进行电路设计，这将带来新的设计费用和时间成本，对于如今嵌入式系统飞速发展、应用需求不断改变的现状，其应用场景非常有限，仅适合那一些功能比较固定的专用器件的设计。

通用处理器和 ASIC 两种计算资源各有优劣，通用处理器应用适用范围广，但相较 ASIC 而言，其性能有不足之处；ASIC 速度快，但其有着较高的成本和较低的适应性。鉴于此，相关领域专家探索一种能结合两者优点的系统，即现在的可重构片上系统。起初该系统是为了综合通用处理器和 ASIC 的优点，但因为 ASIC 一旦设计，固化完成就无法改变，不能适应时间变化的要求。而可重构片上系统是将通用处理器和可编程资源相结合，使得其既具有通用处理器的优点，又在一定程度上具有 ASIC 的一些特性，同时因为可重构单元可以对其进行重新配置以适应新的应用需求，具有很强的生命力。可重构片上系统的出现，带来了一种新的计算模式——可重构计算，其计算可以在空间和时间上进行改变，这是通用处理器（仅能改变时间）和 ASIC 不能具备的特性。

可重构片上系统的最大特点是可以对其进行编程和硬件配置，以实现相应的功能，通常该部分采用 FPGA 实现。另外，它还包含一个或者多个通用处理器核心，用于进行控制和一般任务的处理。FPGA 的性能稍弱于 ASIC，但能节省不必要的生成和设计成本，同一块电路可以被不同的应用重复使用，并可以对其进行应用升级。在相同集成度的情况下，FPGA 的性能是通用处理器的几倍。因可重构片上系统具有高性能和可重用优势，故广泛应用于各类嵌入式应用中。譬如，在中国的载人航天工程的系统中也采用了可重构片上系统，主要用于突发情况的处理。

可重构片上系统结合了两种不同的处理单元，其综合了两类处理核可以充分利用通用处理器擅长处理控制性事务的优点，以及可重构器件具有较大的吞吐量、处理速度快和具有并行处理的优点。在进行任务调度时，可重构资源执行计算密集型任务，而通用处理器处理控制任务和必须串行执行的任务。实际上该过程等同于软硬件划分的过程，即决定任务是采用软件（通用处理器）执行，还是采用硬件（可重构单元）执行，划分结果将决定系统的整体性能。本章将介绍双路软硬件划分的相关技术。

3.1.2　软硬件划分算法现状

在嵌入式领域，进行软硬件协同设计是热点研究方向，而其中对任务的软硬件划分是一个重要的研究课题。软硬件划分的结果对系统的性能有着极大的影响，软硬件划分得到国内外学者的高度关注，当前国内外出现了许多不同的软硬件划分算法。

文献［14］、［15］在任务调度时认为处理器不参与计算，只是负责对可重构单元进行管理。这样，系统中就不存在可重构逻辑的协同问题，这种方法最为简单，严格上不算是软硬件划分算法。尽管这些方法对于 FPGA 资源管理非常有效，但没有将通用处理器计算资源充分运用，不能完全发挥出系统的性能。文献［16］侧重于设计方法学，从系统级层面对软硬件划分问题进行考虑，提出要协同考虑软硬件划分，而不应该将硬件或软件组件单独分开出来，总结了软硬件协同设计的挑战并给出了一些解决思路。

许多研究者尝试通过精确求解来实现软硬件划分的全局最优化，这些方法中常用的技术包括动态规划算法（Dynamic Programming，DP）、整数线性规划算法（Integer Linear Programming，ILP）和混合整数线性规划算法（Mixed Integer Linear Programming，MILP）等。文献［17］采用 ILP 算法来估计任务执行时间，然后在估计时间的指导下对任务进行软硬件划分，能够取得较高质量的划分效果。但是精确求解的算法运算速度慢，只适合处理任务规模较小的情况。随着可重构逻辑规模的扩大，它能够处理的问题越来越复杂，有些问题同时还要求满足实时性，精确求解的方法难以在应用中推广。

许多研究者考虑可重构设备的特定约束条件，简化所考虑的问题从而进行软硬件划分研究。Abdelhalim 等对软硬件划分问题进行了系列研究，设计了一个工具用来估计 FPGA 的面积和延迟。他认为软硬件划分中的硬件模型具有二维可变性，从而在时延约束下建立了二维极限可变硬件模型。Pellizzoni 和 Caccamo 首先对任务进行随机划分，然后在运行时对划分好的任务进行重新调整，从而提出了一种针对可重构系统的任务在线划分与调度算法。文献［18］首先对软件进行分析，得出任务的计算特性，按程序中耗时长度决定其划分到硬件还是软件上执行，从而充分利用硬件的计算能力处理运行时间长的任务。这种方法考虑的系统结构比较简单，并且实现起来方便。但是因为现实中软硬件划分存在一些约束条件，不能完全满足该划分算法，所以该算法存在一定的局限性。

软硬件划分被证明是一个 NP 完全问题，随着任务规模的增加，解空间呈指数增长。对此，研究者们对问题进行数学抽象。文献［19］将软硬件划分问题转化为解空间上的二维搜索问题，每步搜索都采用最小割集和最大流算法来求解，取得了较好的效果。对于 n 个任务的划分，算法时间复杂度为 $O(d_x \cdot d_y \cdot n^3)$，其中 $d_x \cdot d_y$ 为二维搜索的解空间。武继刚等对软硬件划分问题进行数学分析，给出了多项式时间的软硬件划分方法。在他们最近相关研究中，首先采用数学推导方法，将二维搜索问题转化为一维搜索问题，然后使用贪心算法来求解每个搜索步骤上的解，取全局最小解作为软硬件划分问题的近似最优解。该方法收敛速度快，时间复杂度仅为 $O(n \log n + d(n+m))$，其中 d 为一维搜索的解空间数，n 为任务数，m 为边数。这些简化的方法大多基于贪心算法进行求解，虽然很大程度上降低了计算复杂度，但划分质量还有待提高。

为解决软硬件划分问题，研究者们提出了多种启发式硬件划分算法。文献［20］直接采用调度数据块来计算软硬件划分结果，针对运行时可重构系统提出了一种动态划分算法，复杂度较低。文献［21］将可重构系统模型进一步细化，考虑可重构逻辑单元中邻接任务块之间的通信开销，并给定了一些系统约束条件，采用快速启发式算法对软硬件进行划分，求解系统近似最优解，该算法复杂度较低且容易实现，较好地解决了文中给出系统结构下的软硬件划分。在文献［22］中提出了一种利用高效的硬件软件协同设计划分技术算法，该算法实现调度的最佳性，优化可使用的核心数，同时减少芯片上的整体执行时间和总线数。该文提出的算法被认为是具有复杂和大规模任务图问题调度和划分最优的有效方案。Du 等人提出采用蛙跳算法进行软硬件划分，蛙跳算法具有简单、计算速度快、需要修正的参数较少、鲁棒性强等优点，实验结果表明采用该算法进行软硬件划分能取得较好的划分结果。

二进制粒子群优化算法是从粒子群优化（PSO）算法演变而来，是特别针对二进制空间搜索问题而设计。软硬件划分也可抽象为一个二进制搜索问题；PSO 算法的最大优点是其搜索空间大，能够在较大范围内找到近似最优解，从而适合用于解决软硬件划分问题。许多学者采用该算法来进行软硬件划分。文献［23］采用 PSO 算法进行软硬件划分，文献［24］中采用连续的 PSO 算法进行软硬件划分，在不受条件约束的情况下，连续的 POS 算法优于 GA。

模拟退火算法和遗传算法也是常见演化算法，这两个算法都属于随机方法，可以在随机搜索中逐渐趋近最优解，因而也常用于软硬件划分算法当中。模拟退火算法的全局搜索能力强，能够有效地避免限入局部，因而许多学者将其用于软硬件划分。文献［25］将软硬件划分问题建模为约束满意度问题，并提出了基于遗传算法的方法来解决该问题，从而获得分区解决方案，与贪心算法相比其能有较好的结果。文献［26］中提出了一种基于模拟退火算法的硬件/软件分解方法，定义了适应度函数和分解优化目标进行并讨论了其终止规则。该方法能得到较满意的划分方案。文献［27］中针对多路软硬件划分，提出了处理单元网络的抽象模型，并采用模拟退火的启发式方法进行划分，收敛效果较好。遗传算法模拟生物进化论的自然选择和遗传选择机制的计算模型，通过模拟进化过程而搜索最优解的方法，该算法本地搜索能力较强，但是全局搜索能力较差。因此，有许多算法对遗传算法进行改进用于软硬件划分。文献［28］提出了基于遗传算法的新的划分算法，首先提出了以硬件为导向的概念，建立了遗传算法的初始克隆和变异过程，减少了初始克隆的随机性和搜索的盲目性。在算法的处理过程中，交叉率和变异率越来越小，使得其不仅能保证在早期具有大的搜索空间，并且能保证得到后期好的结果。其他启发式方法也广泛被研究者采用，用于解决软硬件划分问题。文献［29］改进禁忌搜索算法的奖惩机制进行软硬件划分，提高了划分质量。文献［30］采用一种新的基于免疫算法的软硬件划分方法。嵌入式系统的模型由改进的 DAG 图构建，以获得硬件/软件分区的目标功能。与其他算法相比，它可以为测量不同目标函数的性能、提高设计效率提供有效的工具。文献［31］中将倾向度作为启发式信息，采用分支定界方法进行软硬件划分，对于中小规模系统取得了较好的效果。文献［32］中采用启发式算法对应用中较大的关键循环进行了软硬件划分，使用表格调度算法实现了任务在硬件资源上的映射，性能有较大提升。文献［33］中将软硬件映射和任务调度合二为一，提出了一种基于关键路径和面积预测的软硬件划分方法，在调度成功率以及结果的优化程度上都有较好效果。以上介绍的基于启发式的软硬件划分算法提高了划分质量，但算法中控制参数难以选取，不同参数对划分结果影响较大，并且单纯基于启发式的算法存在运行时间较长的问题。沈英哲等综合考虑任务划分和调度算法，在文中将模拟退火与链式调度相结合，从而提出了可重构系统上完整的任务调度策略。其考虑的可重构系统中有一个控制单元，通用处理器通过配置该控制单元来实现对 FPGA 的重构。Proshanta Saha 等考虑可重构系统中通用处理器和 FPGA 的协同工作问题，在对任务图进行调度时考虑到的协同处理问题，使用的是启发式算法对软硬件进行协同划分，取得了较好的效果。

由于不同启发式算法具有各自的优缺点，所以国内外有不少学者通过融合不同算法的优点进行软硬件划分。比较典型的有遗传和禁忌搜索融合算法、遗传和蚂蚁算法融合以及遗传粒子群优化算法等，这些算法在各自的领域都取得了较好的效果。但已有的方法大多将两种智能算法相结合，难以避免算法运行时间长、初始参数难以确定以及算法之间的高效衔接等问题。

3.2　软硬件划分模型

3.2.1　体系结构

可重构计算系统通常由通用处理器和硬件加速单元（如 FPGA）组成。

它的两个构成单元在功能上存在差异。硬件单元通常在计算速度和功耗上表现良好，但价格较高，规模通常受限。通用处理器则具有灵活和通用的特点，但是运算速度和系统效率相对较低。为了充分发挥可重构计算系统的性能，对任务进行有效划分成为一个重要问题。对于双路软硬件划分，其结构见图 3.1。

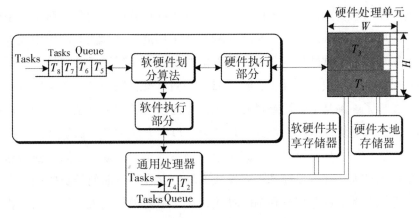

图 3.1　双路软硬件划分系统结构

如图 3.1 所示，对双路软硬件划分系统来说，它内部包含一个通用处理器，用来执行软件任务；同时包含一个硬件可编程逻辑单元，用以执行硬件任务。为充分发挥硬件部分的高效性，还为其专门配备本地存储器，采用内部总线的方式进行读写操作。硬件模块和软件模块通过读写共享存储器的方式进行通信。任务到达时，通过软硬件划分算法将其划分到软件或硬件上执行，任务之间通过总线进行通信。具有前后依赖关系的任务被划分到不同执行模块时需要考虑通信开销，而被划分到相同模块上时不考虑。

在图 3.1 的系统架构下，一个任务既可以被划分到软件处理单元以降低系统开销，也可以被划分到硬件处理单元以获得更快的执行速度，不同的划分可能带来不同的运行时间和通信开销。软硬件划分的目的就是在众多的约束条件下，寻找各性能指标的平衡点，实现最优的划分策略。

3.2.2　相关定义

接下来使用 DAG 图来表示系统中的任务集。

定义 3.1（任务图）　一个带权重的有向无环图 $G = \langle J, C \rangle$，其中 J，C 分别表示节点和边的集合，$|J| = n$，$|C| = m$ 分别表示节点数和边数。

$J_i \in J(1 \leqslant i \leqslant n)$ 表示节点 i，用三元组 $J_i = \langle T_i^{sw}, T_i^{hw}, A_i \rangle$ 表示，其中，第一个参数 T_i^{sw} 表示任务 J_i 划分到软件上的执行的时间，第二个参数 T_i^{hw} 表示任务在硬件上的执行时间，A_i 对应硬件开销。$C_{ij} \in C(1 \leqslant i \leqslant n, 1 \leqslant j \leqslant n)$ 表示节点 J_i 到节点 J_j 的通信边，$|C_{ij}|$ 表示通信开销。

考虑只有一个开始节点的 DAG 图，当存在多个开始节点时，通过引入一个运行时间为 0 的节点，它到所有其他开始节点的通信开销为 0，从而将原 DAG 图的开始节点转化为一个。

定义 3.2（软硬件划分问题）   在满足一定约束条件下将任务划分到软件或硬件上执行，实现目标函数最优化。可以用三元组 $P = \langle f(x), g(x), X \rangle$ 表示，其中 $f(x)$ 表示目标函数，$g(x)$ 为约束条件，X 为划分方案。将目标函数 $f(x)$ 设为系统总的时间开销最小，约束条件 $g(x)$ 设为系统总的硬件面积。

定义 3.3（硬件面积约束比）   硬件面积约束比为划分过程中硬件面积的约束情况，表示为 $HR = A_{real}/A_{total}$，其中 A_{real} 是系统实际硬件面积，A_{total} 为满足全部任务在硬件上执行所需的硬件总面积，$0 \leqslant HR \leqslant 1$。HR 越小表示系统硬件资源越有限。

定义 3.4（加速比）   加速比是采用软硬件划分算法之后系统性能相对于在纯软件上执行的提升状况，表示为 $SP = (1 - T_{algorithm}/T_{software}) \times 100\%$，其中，$T_{algorithm}$ 是算法划分后系统执行时间，$T_{software}$ 是任务在纯软件上执行的时间。SP 越大表示算法划分效果越好。

3.2.3 软硬件划分的 0/1 背包模型

软硬件划分问题是给定一个任务集，找到一个最优可行解 X，由 n 个元素组成，表示为 $(x_1, x_2, \cdots, x_n)$。对于 X 中的每个元素 x_i 只能取两个值，分别是 0 和 1。如果 $x_i = 0$，则表示任务 v_i 划分到软件，$x_i = 1$ 则表示划分到硬件。定义硬件执行代价 $H(X)$ 及软件执行代价 $S(X)$ 如式（3.1）。

$$\begin{cases} H(X) = \sum_{i=1}^{n} T_i^{hw} x_i \\ S(X) = \sum_{i=1}^{n} T_i^{sw}(1 - x_i) \end{cases} \tag{3.1}$$

由于考虑的粗粒度任务，任务之间的通信开销相对于计算时间来说较小。为了简化模型，本章在将软硬件划分问题归约到背包问题时不考虑任务间的通信开销，则总的运行时间 T 如式（3.2）。

$$T = S(X) + H(X) = \sum_{i=1}^{n} T_i^{sw} - \sum_{i=1}^{n} (T_i^{sw} - T_i^{sw}) x_i \qquad (3.2)$$

假设可用的硬件面积为 A_c，那么总的划分到硬件上执行的任务的总的面积开销满足式（3.3）的约束：

$$\sum_{i=1}^{n} A_i \cdot x_i \leqslant A_c \qquad (3.3)$$

软硬件划分的目的就是在满足式（3.3）的硬件面积约束条件下，使得式（3.2）中 T 最小。在任务集规模确定的情况下，式（3.2）中的 $\sum_{i=1}^{n} T_i^{sw}$ 为常数，要使得 T 最小，那么只要满足 $\sum_{i=1}^{n} (T_i^{sw} - T_i^{hw}) x_i$ 最大。令 $\Delta T_i = T_i^{sw} - T_i^{hw}$，对于每个给定的任务 v_i，其对应的 ΔT_i 是确定的。由此，可以得到式（3.4）所示的软硬件划分方法的数学描述：

$$Z = \max \quad \sum_{i=1}^{n} \Delta T_i x_i \begin{cases} s.\ t & \sum_{i=1}^{n} A_i \cdot x_i \leqslant A_c, \text{其中} i = 1,\ 2,\ \cdots,\ n \\ & x_i \in \{0,\ 1\}, \text{其中} i = 1,\ 2,\ \cdots,\ n \end{cases}$$

$$(3.4)$$

从式（3.4）可发现，若将 ΔT_i 类比于物体价格，A_i 类比于物体重量，从而双路软硬件划分可以规约为一个典型的 0/1 背包问题。0/1 背包问题是经典的组合优化问题，存在许多成熟的解决方案，可以借鉴用于软硬件预划分。

3.3 贪心算法与模拟退火融合的软硬件划分方法

3.3.1 软硬件划分算法的提出

考虑常用的软硬件划分方法，贪心算法最大的特点是时间复杂度低，但解空间有限，难以寻求近似最优解，适应用于对解空间的快速引导，使其趋向于近似最优解区域。模拟退火算法依据金属退火原理来寻求全局最优解，比较适合表述软硬件划分问题，在软硬件划分过程中经常采用。模拟退火算法的优势在于解空间比较大，具有较好的全局搜索能力。该算法的缺点是初始过程耗时较长，初始参数难以确定。

为了快速、高效地进行软硬件划分，本章结合贪心算法和模拟退火算法的优点，采用贪心算法进行快速初始划分，然后采用模拟退火算法寻求划分优化解，提出了一种新的软硬件划分算法 GSAHP（Greedy Simulated Annealing Hardware /Software Partition），在算法运行时间和划分质量两方面追求较好的综合划分效果。主要工作包括以下两个方面：

（1）融合贪心算法与模拟退火算法进行软硬件划分。本章首先采用贪心算法进行高效预划分，这样不仅避免了模拟退火算法中初始化参数难以设定的问题，同时能够将解空间快速趋向于近似最优解区域，减少模拟退火算法的迭代次数，降低算法的整体运行时间。

（2）根据软硬件划分的解空间扰动特征，对模拟退火算法的接收准则进行改进，提出了一种改进的模拟退火算法。算法在选择新解的过程中，对解空间进行引导，增加算法在近似最优解区域的有效搜索概率，从而在加快算法收敛速度的同时提高了软硬件划分的质量。

后续章节依次给出了软硬件划分模型、新的融合贪心算法与改进模拟退火算法的软硬件划分算法以及算法的比较分析。

3.3.2 软硬件划分算法流程

采用贪心算法与改进的模拟退火算法相融合的 GSAHP 算法进行软硬件划分。算法首先采用贪心算法进行软硬件预划分，然后采用改进模拟退火算法搜索最优解，其整体框架如算法 3.1 所示。

Algorithm 3.1   GSAHP 算法

输入：DAG 任务图
　　　软硬件系统结构
输出：任务软硬件划分结果

Begin
（1）随机产生任务集 $J = \{J_1, J_2, \cdots, J_n\}$
（2）运用贪心算法对任务集进行预划分
（3）采用改进模拟退火算法完成任务集的划分
（4）输出划分结果$(x_1, x_2, \cdots, x_n)$
End

如图 3.2 所示，算法首先将软硬件划分问题规约为 0/1 背包问题，然后在 0/1 背包模型基础上，运用时间复杂度较低的贪心算法对任务集进行预划分；将该划分结果作为模拟退火算法的初始值，通过对改进模拟退火

算法的接收准则，采用改进的模拟退火算法对任务进行全局优化划分，最终输出划分结果。

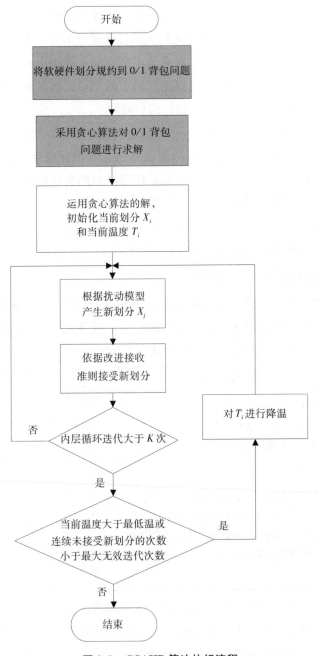

图 3.2　GSAHP 算法执行流程

如图 3.2 所示的 GSAHP 算法可看作两部分组成，分别是基于贪心算法的预划分（图 3.2 中的灰色部分）和基于模拟退火算法的全局寻优划分（图 3.2 中的其余操作）。3.3.3、3.3.4 两个小节中将分别进行介绍。

3.3.3　基于贪心算法的预划分

由 3.2.3 节可知，对于考虑的粗粒度任务，当其通信时间相对计算时间较小时，忽略任务之间的通信开销，从而可将软硬件划分问题可以抽象为 0/1 背包问题。贪心算法是求解 0/1 背包问题的简单有效方法，从而提出一种基于贪心算法的软硬件进行预划分 GHPP（Greedy Hardware/Software Pre-Partition），使得解空间快速趋向于近似最优解区域，从而加快后续搜索过程的收敛速度。GHPP 算法具体描述如算法 3.2。

Algorithm 3.2　　GHPP 算法

输入：DAG 任务图
　　　　软硬件系统结构
输出：软硬件预划分结果

Begin

（1）计算任务集 J 中每个任务 J_i 的价值质量比：$k_i = \Delta T_i / A_i$

（2）按将 J_i 压入队列 Q 中，Q 按 k_i 的非升序进行排序

（3）$i=1$；剩余硬件面积 $A_{res} = A_c$；当前可行解 $(x_1, x_2, \cdots, x_n) = (0, 0, \cdots, 0)$
　　　//所有任务初始化到软件执行

（4）**While** $Q \neq \varnothing$ 且 $A_{res} > A_{min}$ **Do**

　　（4.1）$J_j = POP(Q)$ //J_j 为 Q 中当前价值质量比最大的任务

　　（4.2）**If** $A_j \leqslant A_{res}$ **Then**

　　（4.3）$x_j = 1$；//任务放置到硬件上面执行

　　（4.4）$A_{res} = A_{res} - A_j$；

　　（4.5）**End If**

　　（4.6）$Q = Q - \{J_j\}$；//将弹出的任务从任务集中删除

（5）**End While**

（6）输出划分结果 $(x_1, x_2, \cdots, x_n)$

End

算法 3.2 中，首先计算每个任务的价值质量比［第（1）步］，然后将任务压入队列 Q，根据任务的价值质量比对 Q 中的任务进行非升序排序［第

（2）步]。接下来进行初始化操作，将所有任务初始划分到软件上执行[第（3）步]。第（4）步弹出队列 Q 中的第一个任务，并将其划分到硬件上执行，直至满足算法的退出条件为止（Q 为空或硬件剩余资源小于用户定义的最小面积值 A_{min}），算法在第（6）步输出贪心算法的预划分结果。

GHPP 算法许多操作都是常数时间，其主要的计算复杂度集中在任务的排序操作[第（2）步]和划分过程[第（4）步]，当任务集中包含的任务数为 n 时，这两个操作的时间复杂度分别为 $O(n \log n)$ 和 $O(n)$，从而 GHPP 算法的时间复杂度为这两部分之和，即 $O_{GHPP} = (n \log n) + O(n) = O(n \log n)$。

3.3.4　基于改进模拟退火算法的软硬件划分

模拟退火算法最早由 Metropolis 提出，该算法已被证明具有渐进收敛性，能够获得组合最优化问题的近似最优解。针对软硬件划分问题特性，对模拟退火算法的接收准则进行改进，在预划分的基础上，采用改进的模拟退火算法搜索全局近似最优划分，接下来对其进行详细分析。

3.3.4.1　扰动模型及接收准则改进

模拟退火算法通过扰动产生新解，新解相对于当前划分在系统时间和硬件面积上都有变化（分别用 Δt、Δa 表示）。以当前的划分结果为原点，以运行时间的改变 ΔT 为横轴，以硬件面积的改变 ΔA 为纵轴，对系统时间和硬件面积进行归一化处理，则解空间扰动模型表示如图 3.3 所示。

接收准则就是一组规则集，用以确定是否接收扰动所产生的新解。不同的接收准则对模拟退火算法收敛速度影响较大，国内外诸多学者对其进行了研究。根据软硬件划分的可行性，从搜索方向上对接收准则进行引导，提出了一种新的接收准则 IAC（Improved Acceptance Criteria）。为便于表示，在图 3.3 中作一条平分第二、第四象限的直线 l，该直线将第二象限分为区域 R_1 和区域 R_2，将第四象限分为区域 R_3 和区域 R_4。

如图 3.3，第一象限中的新划分在系统时间上大于当前划分，并且硬件面积也有增加，不是理想的解，采用接收率较低的 Metropolis 准则对其进行接收。位于第三象限的新划分在系统时间上小于当前划分，并且降低了硬件面积，是较理想的划分，直接接收该解。

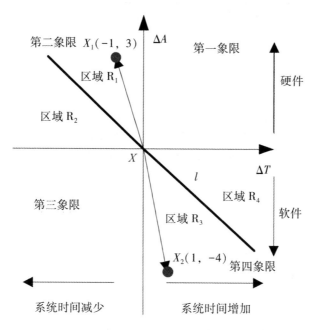

图 3.3 模拟退火算法解空间扰动模型

对于第二象限中的区域 R_1，新划分的系统时间减少，传统接收准则将直接接收该解，但该划分带来的硬件成本增加较大，如新的划分 X_1，其时间减少的同时增加了三倍的硬件面积，直接接收该解可能影响系统最终性能，通过计算时间与面积代价来确定是否接收该解。区域 R_2 中的新划分在增加较少硬件面积的同时降低了较多系统时间，直接接收该解。

对于第四象限中的区域 R_3，其系统时间增加的同时减少了较多的硬件成本。如新的划分 X_2，其时间增加的同时减少了四倍的硬件面积，这样的解为系统预留了较大的改进空间。传统接收准则采用 Metropolis 准则接收该解，考虑该解可以节约系统资源，增加接收概率；对于区域 R_4 中的划分，由于系统时间增加的同时硬件面积减小不明显，仍采用 Metropolis 准则对其进行接收。

从而，IAC 接收准则描述如算法 3.3。

Algorithm 3.3 IAC 接收准则

输入： 扰动产生的新解 X_{new}

输出： 是否接收新解

Begin

（1）　　**If** $X_{new} \in$ 第一象限　**or** $X_{new} \in$ 区域 R_4 **Then**

（2）　　　　采用 Metropolis 准则对 X_{new} 进行接收

（3）　　**Else If** $X_i \in$ 第三象限 **or** $X_{new} \in$ 区域 R_2 **Then**

（4）　　　　接收 X_i

（5）　　**Else If** $X_{new} \in$ 区域 R_1 **Then**

（6）　　　　以概率 $|\Delta t/\Delta a|$ 接收 X_{new}

（7）　　**Else If** $X_{new} \in$ 区域 R_3 **Then**

（8）　　　　以概率 $1-|\Delta t/\Delta a|$ 接收 X_{new}

（9）　　**End If**

（10）　　输出是否接收 X_{new}

End

采用如算法 3.3 所示的 IAC 接收准则，对于新产生的在硬件和时间上均不理想的划分，接收准则降低该划分的接收概率；对于那些对划分质量有贡献的新的划分，接收准则依照解的贡献值增加新解的接收概率。通过采用新的接收准则，可以在不丢失全局搜索特性的同时降低算法运行时间，从而在整体上提高了解空间的搜索效率。

3.3.4.2　改进的模拟退火算法

在 IAC 接收准则基础上，采用贪心算法的预划分，考虑到任务之间的通信开销，给出基于改进模拟退火算法的软硬件划分 ISHP（Improved Simulated Annealing Hardware/Software Partition），如算法 3.4 所示。

Algorithm 3.4 ISHP 算法

输入： 贪心算法预划分结果

　　　　DAG 任务图和系统结构

输出： 软硬件划分结果

Begin

（1）$X_{best} = X_{greedy}$；$T_{cur} = T$；$N_{useless} = 0$　//将贪心算法的求解赋值于当前最优解 X_{best}，进行初始化

续表

（2）**While**（$T_{cur}>T_{trd}\&\&N_{useless}<M$）**Do**//如果当前温度比设定的阈值大，并且连续无效迭代次数小于 M，则执行循环

（2.1）**For** $i=1$ **to** K **Do**

（2.2）　　　对当前划分进行扰动，产生新划分

（2.3）　　　考虑任务间通信开销，计算新解的面积和时间变化（Δa，Δt）

（2.4）　　　采用改进的接收准则 IAC 决定是否更新 X_{best}

（2.5）**End For**

（2.6）**If** X_{best} 未更新 **Then**

（2.7）　　　$N_{useless}=N_{useless}+1$；

（2.8）**Else**

（2.9）　　　$N_{useless}=0$；

（2.10）**End If**

（2.11）降低温度

（3）**End While**

（4）输出划分结果（x_1，x_2，$\cdots$，x_n）

End

ISHP 算法在第（1）步采用贪心算法的求解结果对模拟退火进行初始化，然后进行模拟退火循环过程。对每个温度进行 K 次退火操作［第（2.1）步到（2.5）步］，每次操作根据扰动模型产生新的软硬件划分，计算新的划分所产生的面积和时间变化，采用改进的模拟退火接收准则 IAC 对新划分进行判断，决定是否接受新解。在退火过程中如果未更新当前最优解 X_{best}，则无效迭代次数 $N_{useless}$ 加 1［第（2.7）步］，否则 $N_{useless}$ 赋值为 0（第（2.9）步）。这样一直循环进行降温操作，直至算法满足退出条件（当前温度 T_{cur} 小于等于阈值 T_{trd} 或连续未接受新划分的次数 $N_{useless}$ 大于等于 M）。最后输出划分结果，算法结束。

ISHP 的计算复杂度主要由内外两层循环构成。外层循环根据温度阈值以及连续未接受新划分的次数来判断是否退出循环过程，其退出条件是温度达到了阈值 T_{trd} 或连续 M 次未进行更新。T_{trd} 由用户设定，该值和模拟退火进度共同决定了模拟退火的最大循环次数 N_{max}（$N_{max}\gg M$）。内层循环是在每个温度下执行 K 次退火操作，每次退火操作都是常数时间内完成，设该时间为 T_{SA}，从而 ISHP 算法的时间复杂度是内外两层循环的乘积，即 $O_{ISHP}=O(N_{max}\cdot K\cdot T_{SA})$。

3.3.5　算法复杂度分析

由算法 3.1 可知，GSAHP 算法主要由 GHPP 算法和 ISHP 算法两部分组成，算法复杂度分析如下：

（1）GHPP 算法的计算复杂度分析见 3.3.2 小节，该算法的复杂度集中在对任务的排序和划分操作，当任务集的规模为 n 时，其时间复杂度是两部分之和，即 $O_{\text{GHPP}}=O(n \log n)+O(n)=O(n \log n)$。

（2）改进的模拟退火算法 ISHP 的计算复杂度分析见 3.3.3 小节，其复杂度是内外两层循环的乘积，从而 ISHP 算法的时间复杂度为 $O_{\text{ISHP}}=O(N_{\max} \cdot K \cdot T_{\text{SA}})$。

综合（1）、（2）中 GHPP 算法和 ISHP 算法的复杂度分析结果，可知提出的 GSAHP 算法的时间复杂度 $O_{\text{GSAHP}}=O_{\text{GHPP}}+O_{\text{ISHP}}=O(n \log n+N_{\max} \cdot K \cdot T_{\text{SA}})$。参考经典模拟退火算法中参数的取值，取 $K=n^2$，从而得到 $O_{\text{GSAHP}}=O(n \log n+N_{\max} \cdot n^2 \cdot T_{\text{SA}})$。

由于 T_{SA} 是常数时间，GSAHP 软硬件划分算法属于多项式时间算法，即计算机中的有效算法，计算机通过执行 GSAHP 算法能够在多项式时间内得到软硬件划分结果。此外，GSAHP 算法引入基于贪心算法的快速寻优策略，在初始解空间上已趋近于最优解区域，从而显著缩小了模拟退火算法的搜索范围，使得实际循环次数远小于 $N_{\max}$，从整体上降低了算法运行时间。

3.4　模拟实验及性能分析

本节研究双路软硬件任务划分问题，目标系统结构包含 1 个处理器和 1 个硬件可编程部件（见图 3.1）。实验中使用可包含 1 个 MicroBlaze 处理器核和 46080 个可编程逻辑块的 Xilinx Virtex‑5 ML505 FPGA 作为参考模型，采用一个处理器，通过硬件面积约束比 HR（见定义 3.3）对逻辑资源进行限制。

3.4.1　实验方案

对于软硬件划分，国际上目前还没有通用的测试集，通用的方案是随机生成包含各种不同的任务属性的有向无环图。文献［34］总结软硬件划分算法的测试实验方案，认为采用随机生成的大任务图进行实验测试具有众多优势。如所测试算法的性能不依赖于特定任务图属性，具有客观公正性；可减少从诸如 Mibench 等测试集中构建任务图时所产生的错误；可以采用更加丰富的测试集对算法进行纯性能的测试。文献［35］通过实际测试验证已经表明：在软硬件划分算法进行测试过程中，采用随机生成的较大任务图与实际任务图的测试结果保持一致。文献［19］进一步用实验证明了软硬件划分算法的性能通过大的任务图可以更好地测试出来。

鉴于采用随机生成大图进行测试的以上优点，同样首先使用 TGFF 工具随机生成 DAG 大任务图。DAG 图属性参考文献［19］，节点的硬件执行时间与软件执行时间平均比值为 0.6，通信开销与软件执行时间的平均比值为 0.1。

为了对比本节算法的有效性，选择了两个具有代表性的软硬件划分算法进行比较分析，一是文献［36］中的一维寻优算法，文中给出了三个基于贪心算法的软硬件划分算法，选择综合性能最佳的 Alg-new3 算法（用1DNew3 表示）进行对比测试；另一算法是文献［26］中给出的基于高效模拟退火的软硬件划分算法（用 ESA 表示），该算法对经典模拟退火算法进行改进，是一个性能和时间都较优的启发式软硬件划分算法。比较指标包括两方面，一是算法运行时间，二是加速比 SP（见定义 3.4）。

算法中的控制参数对实验结果也有一定的影响，为增强可比性，实验中 GSAHP 算法中模拟退火部分的控制参数与文献［26］中相应的设置相同。

实验环境如下：处理器 Intel Pentium 3.20 GHz，内存 2 GB DDR Ⅲ，在 Windows 下采用 C++语言对各算法进行编程实现。

3.4.2　实验结果及分析

为对算法进行全面分析测试，参照文献［19］、［35］的思想构造大任务集，分以下两类情况进行对比测试。

（1）在硬件面积约束比 HR = 0.3 的情况下，取任务数 n 分别为 50、200、500、1000、1500，生成五组测试集，平均分支数分别为 3、5、7、9、11。每组测试集包含 30 个 DAG 样本，以样本的性能平均值作为该组的最终性能结果，比较各算法在同一面积约束不同任务规模情况下软硬件划分的性能。测试结果如表 3.1 所示。

表 3.1 划分算法性能比较（不同任务数）

任务数	1DNew3		ESA		GSAHP	
	算法执行时间/ms	加速比SP/%	算法执行时间/ms	加速比SP/%	算法执行时间/ms	加速比SP/%
100	0.04	4.85%	181	16.80%	90	18.21%
200	0.09	3.76%	382	17.95%	161	18.16%
500	0.71	4.07%	2193	18.41%	1618	19.67%
1000	2.29	5.10%	16137	17.66%	7562	19.01%
1500	5.94	4.66%	45499	17.57%	18838	18.90%
平均值	1.814	4.49%	12878.4	17.68%	5653.8	18.79%

表 3.1 显示在不同任务集下，1DNew3 算法、ESA 算法以及 GSAHP 算法的对比结果。由表 3.1 的对比结果可知：

1）1DNew3 算法运行时间最短，相对另外两个算法低了 3～4 个数量级。该算法在一维空间内采用贪心算法搜索当前最优的可行解，算法复杂度很低，但搜索空间较小，算法改进效果有限。

2）ESA 算法从代价函数和解空间等方面对模拟退火算法进行了改进，改进效果较明显，但模拟退火算法的初始过程很耗时，在三个算法中运行时间最长。

3）GSAHP 算法采用贪心算法对软硬件划分进行初始化，然后采用启发式接收策略对模拟退火算法进行改进，在加快算法收敛速度的同时也增强了算法的寻优能力，综合效果最好，平均运行时间仅为 ESA 算法的 43.9%，平均加速比为 1DNew3 算法的 4.18 倍。

图 3.4、图 3.5 分别显示了硬件面积约束比为 HR＝0.3 时，1DNew3 算法、ESA 算法以及 GSAHP 算法在运行时间和加速比方面的对比效果。

图 3.4 中，1DNew3 算法由于运行时间很短，基本与横坐标重合。ESA 算法和 GSAHP 算法随着任务数的增加，其运行时间也随之增加。GSAHP 算法由于首先使用贪心算法快速趋向于近似最优解区域，降低了算法初始寻优过程；同时算法采用改进的接收策略，加快模拟退火算法收敛速度，

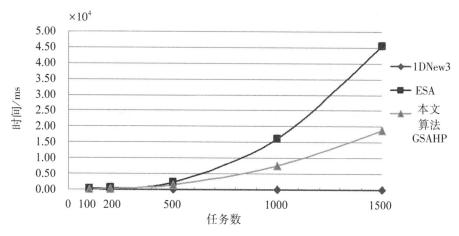

图 3.4 划分算法运行时间对比（不同任务数）

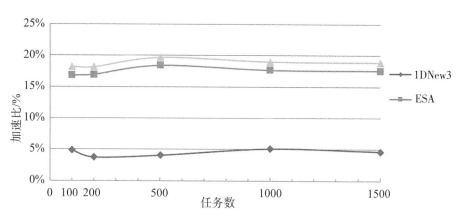

图 3.5 划分算法节能率对比（不同任务数）

从而在任务数增加的同时运行时间增长较缓慢。ESA 算法需要多次模拟退火迭代才能趋向近似最优解区域，在任务数增大过程中运行时间增加明显，增长速度远高于 GSAHP 算法。

图 3.5 中，当硬件面积约束比不变时，各算法对于不同任务集的加速比基本稳定。1DNew3 采用贪心算法在一维解空间内搜索划分策略，性能提升效果有限，为 3.76%～5.1%。ESA 算法采用启发式的模拟退火算法，改进效果较为明显，提升率为 17.57%～18.41%。GSAHP 采用贪心算法快速收敛于最优解附近区域，更有效地在近似最优解区域进行寻优，其划分效果最好，提升率为 18.16%～19.67%。

（2）在任务数 $n = 1000$ 的情况下，分别取硬件面积约束比 HR 为 0.1、0.2、0.4、0.6、0.8，并对同一测试集进行测试。测试集包含 30 个 DAG 样本，平均分支数为 9，以测试样本的平均值作为最终性能结果，比较各算法在同一任务集不同面积约束比下软硬件划分的性能（见表 3.2）。

表 3.2　划分算法性能比较（不同硬件面积约束比）

硬件面积约束比 HR	1DNew3		ESA		GSAHP	
	算法执行时间/ms	加速比 SP/%	算法执行时间/ms	加速比 SP/%	算法执行时间/ms	加速比 SP/%
0.1	1	0.84%	14201	6.49%	9411	6.80%
0.2	1.2	2.49%	15175	12.00%	7489	13.07%
0.4	2.5	8.37%	15675	23.12%	7012	24.83%
0.6	2.62	18.44%	17807	35.33%	6417	37.24%
0.8	1.84	33.52%	20775	48.44%	5699	49.88%
平均效果	1.832	12.73%	16726.6	25.08%	7205.6	26.36%

表 3.2 显示了在同一任务集、不同硬件面积约束比情况下，三种算法运行时间和加速比的比较结果。与 3.1 类似，1DNew3 算法的运行时间最短，但加速比有限。ESA 算法和 GSAHP 算法运用了模拟退火算法对软硬件进行划分，增加了运行时间的同时，更有效地搜索近似最优解。相比之下，本章算法采用贪心算法进行初始化，增加了搜索效率，与 ESA 算法相比在运行时间和加速比两个指标上都有提升。

图 3.6、图 3.7 分别显示当任务数 $n = 1000$ 时，1DNew3 算法、ESA 算法以及 GSAHP 算法在运行时间和加速比方面的对比效果。

从图 3.6 可见，1DNew3 算法采用一维寻优，运行时间极短。ESA 算法对模拟退火算法的扰动模型和代价函数进行改进，在硬件面积约束比 HR 增大的同时，其搜索的解空间也随之增加，算法运行时间增加较明显。GSAHP 算法采用贪心算法进行预划分，当 HR 增大时，贪心算法可以更加高效地趋近于最优解区域，能够更加有效地进行寻优搜索，算法的运行时间随 HR 的增加而降低。

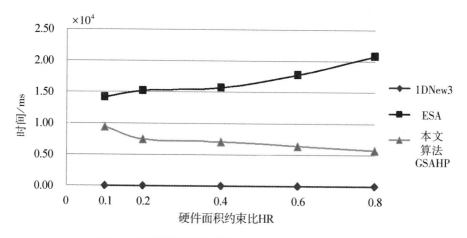

图 3.6　划分算法运行时间对比（不同硬件面积约束）

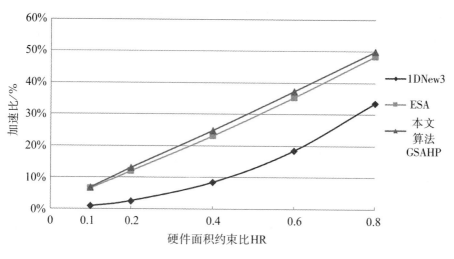

图 3.7　划分算法节能率对比（不同硬件面积约束）

从图 3.7 可见，随着硬件面积约束比 HR 的增大，任务可以划分到硬件上执行的比例增加，三种算法的加速比都有增加。其中，1DNew3 算法采用贪心算法进行划分，加速比最低，为 0.84%～33.52%。ESA 算法采用改进模拟退火算法，提升效果较好，为 6.49%～48.44%。GSAHP 算法通过减少盲目搜索，提高搜索效率，加速比为 6.80%～49.88%，比 1DNew3 算法和 ESA 算法更优。

综合（1）、（2）比较结果发现，基于贪心算法的 1DNew3 算法相对另

57

外两个算法来看时间极短，但是其划分质量也最低；ESA 算法对传统模拟退火算法进行改进，但不能避免模拟退火初始阶段效率不高、参数难以设置等问题，时间相对较长，划分质量也低于本章算法；融合贪心算法与模拟退火算法，通过贪心算法的高效划分得到预划分结果，然后对模拟退火算法的扰动模型进行改进，搜索全局最优解。该算法相对贪心算法来说时间复杂度增加，但划分性能有了明显改进。采用贪心算法的预划分结果，通过改进扰动模型加快了模拟退火算法收敛速度，整体运行时间比 ESA 算法要低，并且划分结果优于 ESA 算法。随着任务数的增加，GSAHP 算法在运行时间上的增长速度明显低于 ESA 算法，这是由于贪心算法的预划分降低了任务数对于算法运行时间的影响。当硬件面积比增大时，ESA 算法的搜索空间变大，从而运行时间增加，而 GSAHP 算法随着硬件面积比的增加在预划分阶段更有效地趋向最优解，很大程度上减少了模拟退火算法的搜索空间，算法运行时间反而降低。综合比较算法运行时间及划分质量，本章算法的综合性能最佳。

3.5 本章小结

软硬件划分是发挥可重构片上系统计算性能的重要技术。本章在分析现有软硬件划分算法的基础上，针对双路软硬件划分问题，给出了一种融合贪心算法和模拟退火算法的硬件划分方法。该划分方法使用贪心算法进行软硬件预划分，然后根据解空间的扰动特征对模拟退火算法中的接收准则进行改进，使用改进的模拟退火算法搜索全局最优划分。实验结果表明，与单纯采用模拟退火算法的软硬件划分相比，本章所介绍的算法在改善划分质量的同时，算法运行时间降低明显。与基于贪心算法的软硬件划分方法相比，该算法以较小的运行时间代价换来了软硬件划分质量的显著改善。实验结果表明了本章算法的有效性。

第四章　面向可重构片上系统的动态软硬件划分方法

4.1　引言

可重构片上系统包含了执行软件程序的可编程微处理器核和实现硬件逻辑的可重构器件，设计人员需要通过软硬件划分来将应用所需完成的功能有效地映射到这两种类型的运算部件上。研究面向可重构片上系统的动态软硬件划分方法对于充分发挥可重构片上系统的结构优势，构建灵活高效的嵌入式应用系统十分重要。

动态软硬件划分将推动基于可重构片上系统的设计自动化技术的发展，促进可重构片上系统的实用化。动态软硬件划分不需要设计人员再花大量的时间和精力做模拟和仿真实验，而是直接进行运行时性能分析，选择其中性能瓶颈，将其动态配置到可重构硬件上实现软硬件划分。这可以将设计人员从烦琐的实验中解放出来，提高开发效率。因此，从事动态软硬件划分研究对于推动可重构片上系统设计的自动化和实用化都有着重要的意义。

传统的软硬件划分算法，多是迭代算法，不利于在运行时动态进行划分，因此，提出一种适合动态软硬件划分的算法。在上述软硬件协同函数库为基础的编程模型中，软硬件划分主要是决定抽象函数在运行时是动态链接到软件，还是硬件实现代码上。在进行划分前，首先需要确定划分的对象。在这里就是被调用的软硬件协同函数库中的抽象函数，系统功能描述中调用的其他函数可以不用考虑，因为只有软硬件协同函数库中的函数有对应的软件和硬件具体实现。待划分的函数可能很多，这样就需要从中选择一组，使系统在满足资源约束的条件下获得最优性能。这是一个约束组合优化问题，一般来说属于 NP 难题。由于动态软硬件划分在运行时进行，需要根据划分后系统运行情况改进原有划分。

过程级划分算法的主要优点有：①面积/性能的折中。相比之下，过程级粒度占用面积适中，通信代价固定；②对象数量较小。由于抽象层次较高，而且划分对象只限于同时具有软硬件实现的过程，所以划分对象较小，使算法的性能得到提高。本章采用以下思路来设计动态划分流程。

4.2　软硬件划分模型

4.2.1　软硬件协同函数

针对前面内容所述可重构片上系统的特点，以及软硬件划分的重要性，提出了一种面向过程级（函数）的划分。这里的函数是由项目组人员共同开发的协同函数，并将所有函数封装称为协同函数库，其基本特征如下：

（1）所述的软硬件协同函数库包括多个软硬件协同函数，每一个软硬件协同函数包括头文件、具体函数实现文件和硬件配置文件。

（2）在具体函数实现文件中构造每一个具体函数的软件函数实现和硬件接口代码；在软件函数实现和硬件接口代码中设置检测硬件函数执行时间或软件函数执行时间的代码。

（3）在硬件配置文件中，具有通过硬件实现具体函数的硬件描述语言代码。

（4）在所述的头文件中声明多个具体函数的名称和参数形式；为程序调用具体的软件函数实现和硬件接口代码提供统一的函数接口。

（5）调用软硬件协同函数时，在新建的程序文件中添加所需调用函数的头文件；在新建的程序文件中采用函数名调用的方式，调用头文件提供的统一函数接口；在程序编译时采用动态编译方式，在动态编译过程中根据划分算法选择该函数是调用软件函数实现或硬件接口代码。

软硬件协同函数由协同函数开发人员设计而成，其对应的结构如

图4.1所示，每个函数都有硬件和软件两种实现方式，其中软件方式由程序语言（如C++，Java等）进行描述，与程序语言里面的函数实现方式相同。硬件方式由硬件实现模块和硬件接口代码组成，硬件实现部分是由硬件描述语言（如VHDL、Verilog等）等进行描述，根据具体的FPGA型号，采用不同的硬件开发工具，进行仿真、综合，生成可以下载的目标板上的代码。硬件接口代码则是由底层硬件提供给系统层面的接口，类似硬件驱动，主要作用是让硬件模块获得输入数据，并产生输出反馈给系统。这样就达到了将硬件方式封装为函数的目的，大大节约了设计人员的时间，设计人员不需要了解具体实现细节。

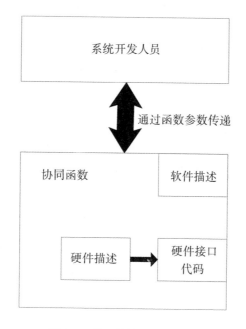

图4.1　软硬件协同函数结构

每一个协同函数的软件实现和硬件实现均是实现同一个逻辑的模块，功能上等价。硬件接口代码与软件实现函数具有相同的参数和返回值。约定在软件实现的函数名前增加某个前缀，用它作为硬件接口代码的函数名，以区别协同函数的不同实现方式。每一个协同函数对外提供一个统一的接口，可约定将软件实现的函数名作为该协同函数的统一对外接口。应用设计人员在描述目标应用程序过程中，当调用协同函数完成某项功能时，和一般的函数调用相同，他只需了解协同函数提供的统一对外接口，无需关心协同函数的实现方式。协同函数的具体实现方式由协同函数调度器决定，当然，用户也可以在协同函数调度器生成的运行时约束文件中指定实现方式。

4.2.2 问题描述

在满足体系结构和资源限制的前提下，软硬件划分算法的目标在于最小化应用程序的运行时间，其工作重点在通过将硬件过程迁移到 FPGA 上执行来优化序列化的软件应用程序。与通用的多进程软硬划分模型不同，动态链接控制可以保证软硬件执行过程串行执行，而且硬件过程的通信代价是固定的。

首先定义相关概念如下：问题的输入用三元组 $\langle F, Area_{total}, T_{all\_software} \rangle$ 来表示。其中 $Area_{total}$ 代表系统中最大可用的硬件面积；$T_{all\_software}$ 是纯软件的方式来执行应用程序所花费的时间；F 对应着应用中包含的软硬件函数对，其由四元组 $\langle C, Time_{sw}, HW, X_{now} \rangle$ 组成，C 是对应函数对总的调用次数 $Time_{sw}$ 表示软件函数执行时间；X_{now} 为函数的当前划分结果，其中 $X_{now}=0$ 或 1，为 0 时表示函数 i 当前划分为硬件，反之为软件；HW 代表硬件实现方案，其可由五元组 $\langle Area_{hw}, C_{hw}, Comm, Time_{hw}, T_{rf} \rangle$ 表示，$Area_{hw}$ 代表硬件函数面积；C_{hw} 是该硬件函数执行的次数；$Comm$ 是软硬件通信代价；$Time_{hw}$ 为硬件执行时间；T_{rf} 对应硬件函数的配置时间。整个划分算法的目标函数为：

$$T_{cost} = T_{all\_software} - \sum_{F} C_{hw,HW} \times (Time_{sw,F} - Time_{hw,HW} - CommHW)$$

$$(4.1)$$

其中 T_{cost} 具有最小值。其中 $C_{hw,HW}$ 表示选中函数的硬件方案执行次数；$Time_{sw,F}$ 代表 F 集合中选中的函数的软件函数执行时间；$Time_{hw,HW}$ 代表 F 集合中选中的函数的硬件函数执行时间；$CommHW$ 代表 F 集合中选中的函数的硬件函数的通信时间。

由于硬件资源非常有限，所以对任务的资源占用需要一定的约束条件，在任意时刻 j 满足

$$\sum_{HW} X_{now} \times Area_{hw} \leqslant Area_{total}$$

4.2.3　划分算法设计

上述问题可以看成是一个 0/1 背包问题，可采用贪心法则进行最优化。在约束条件下，假设系统已经根据当前划分执行了一段时间。对于每个函数，下一次划分决策会受诸多因素影响，将这些因素综合起来，可计算出本函数的划分倾向度：

$$F_i = f(X_{\text{now}}^i,\ Time_{\text{sw}}^i,\ Time_{\text{hw}}^i,\ Comm_i,\ T_{\text{rf}}^i,\ Area_{\text{now}}^i,\ C_{\text{hw}}^i,\ C_i,\ Depth_i),\ i \in F$$

其中 $Depth_i$ 是对应函数节点的深度，深度的定义如下：在任务图中如果任务 A 依赖任务 B，那么 A 的深度为 1，如果任务 C 依赖任务 B，那么任务 A 的深度为 2，在划分时首先对该任务图执行一次深度搜索，算出所有节点的深度。分析 F 函数中各项的形式，主要考虑硬件函数的加速比以及该函数的深度对后继节点的影响比例。因为后继节点对该函数的依赖度越大，如果该函数越早执行完，越能提高系统的性能，所以将硬件加速一起综合考虑，如果划分为硬件实现能使函数和后继函数执行得到加速，那么该函数显然倾向于划分为硬件实现，相应的子项为：

$$f = \left(\frac{C_i \times Time_{\text{sw}}^i}{(1 - X_{\text{now}}^i) \times T_{\text{rf}}^i + C_i \times (Time_{\text{hw}}^i + Comm_i)} + \frac{Depth_i \times Comm_i}{C \times Comm_i} \right),\ i \in F \quad (4.2)$$

C_i 在新一轮划分完成后将清零，重新统计函数 i 的被调用次数。f 的值越大，函数越倾向于划分为硬件实现。在划分过程中，函数调用次数对划分倾向度有影响，调用次数越多，越倾向于划分为硬件实现。显然，上述软硬件划分算法可以根据系统运行的当前情况进行调整，因为每次划分时 X_i 参数的值可能由于系统运行情况的改变而与前一次不同。考虑获得系统运行信息需要一定时间，可以采用周期性的方式调用该算法。图 4.2 显示了过程级动态软硬件划分的过程。

评价函数将用来评估软硬件划分算法解方案的优劣，在软硬件划分方案给出后，可以经过调度得出该方案的耗时，根据耗时情况来判断本次划分是否优于前次的划分方案并取而代之。假设 P 为当前划分，P' 为新的划分，T 为 P 的时间函数（通过调度获取）即 $T(P)$。若 $T(P) \leq T(P')$，则评价新的划分为一个更优的解，否则丢弃新划分。软硬件划分经过评价函数来接受或拒绝新解，使最终结果趋于最优。

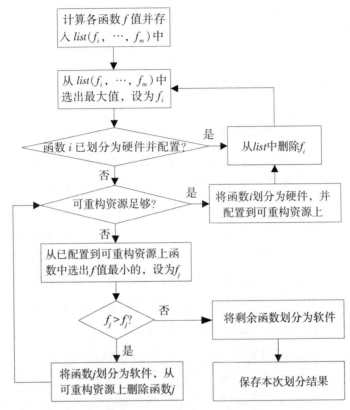

图4.2 考虑带权重任务节点深度的动态软硬件划分算法

4.3 考虑带权重任务节点深度的动态软硬件划分算法

4.3.1 动态划分流程

  程序运行过程中将自动加载相应的硬件函数，软硬件函数的执行选择由划分算法决定，图4.3显示了整个运行时环境的数据流。当应用程序调用某一函数时，运行时环境需对函数名进行分析，从而判断是否具有相应的硬件函数实现，如果没有，则继续运行软件代码，否则在软硬件函数运行时信息表中为其创建一个新的记录，并从硬件函数库中读入相应的配置信息。这一数据结构中主要包括软硬件函数执行时间、函数调用次数、硬件函数面积等将被提供给软硬件划分算法的参数信息。软硬件动态链接过程根据划分结果为函数选择一种执行位置（要么在微处理器上，要么在FPGA上），如果调用的是硬件函数，则首先查询可重构资源管理器，若该硬件函数尚未配置，则需要进行动态重构，接着运行硬件加速器，最后将执行结果写入数据区域。

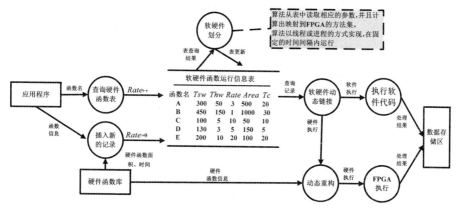

图 4.3　运行时数据流图

可重构资源由可重构资源管理器进行管理，它是一个设备驱动程序，负责与可编程器件配置控制器等硬件电路（可编程器件厂商一般在其开发板上提供了配置控制器）通信，管理可编程器件上硬件模块的配置和运行。在这里主要是查询所需的硬件模块状态，进行相应配置和更新记录操作，包括控制硬件模块配置，更新硬件模块配置信息、状态信息和运行信息，以及从预留地址空间中分配端口地址等，最后返回所分配的地址。

本章采用如前所述的软硬件协同函数库进行划分，因为采用动态划分，所以使软硬件协同函数库被设计为动态函数库，软硬件划分结果确定后，由动态链接控制器负责软、硬件函数的动态加载，该过程如图4.4所示。由于硬件函数与软件函数在运行方式与物理基础上存在本质性差异，软件函数是串行执行的指令集合，硬件函数是二维的逻辑电路；软件函数的数量受限于存储器的容量，硬件函数的数量受限于可重构资源的大小，因此，操作系统应随时跟踪管理可重构资源的使用情况，为调用的硬件函数分配合适的资源。在动态链接控制过程中，提供了一个划分算法的注册接口，通过这个注册接口，设计人员设计的划分算法可以对软硬件协同函数库中的函数进行软硬件划分，再由动态链接器，调用函数具体实现方式。

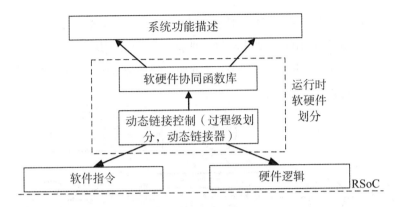

图 4.4　动态链接控制

4.3.2　调度算法

调度算法的目标是针对一个划分结果，找到整个任务流图的最短时间的指派和任务执行顺序，调度算法作为划分算法的子例程，在划分算法的评价阶段调用以评价划分结果。无论是 ASAP 还是 ALAP 算法，只是通过系统的局部信息，采用尽早或尽晚调度的原则，都没有考虑到系统的关键路径。

如果关键路径上的数据被延迟，则一定会增加整个系统运行的时间。因此，关键路径上的数据应该尽早安排完成。表调度算法通过赋予关键路径上的任务高于优先级，将同时就绪的任务放入公共的就绪链表中，并对就绪链表中的任务采用优先级调度原则。

调度算法流程如下：

（1）计算系统的关键路径，根据关键路径修改系统各个任务的优先级，初始化任务链表，将所有任务节点置为等待状态。

（2）遍历任务链表，如果一个任务节点的入度为 0，则将该节点放入就绪链表。

（3）如果系统资源有空闲，搜索就绪链表，首先调度优先级高的任务，如果系统资源仍然有空闲，则调度优先级低的任务。

（4）执行被调度的任务，执行完成后，释放系统资源，并将对应任务的后继节点的入度减 1。

（5）检查是否所有任务全部调度完成，如果是，算法结束，否则重复执行步骤（2）和（4），直至所有任务调度完成。

4.4　实验及性能分析

4.4.1　实验环境介绍

本章采用 Xilinx Virtex-II Pro XC2VP30 FPGA 作为实验开发板，该开发板的各项资源如下：

- 集成了两个 PowerPC 405 硬核微处理器的 Virtex-II Pro XC2VP30FPGA；
- 支持最大 2 G 的 DDR SDRAM 的插槽；
- 一个用于 FPGA 配置或者存储数据 System ACE 控制器和 CF 卡连接器；
- 用于下载配置数据的 USB 接口；
- 系统可编程配置存储器 PROM，支持高速 SelectMAP 的方式配置方式；
- 一个 10/100 M 以太网接口；
- 一个 RS－232 DB9 串口；
- 两个 PS－2 串口；
- 四个 LED、四个开关、五个按键；
- 六个扩展连接器连接到 80 个 Virtex-II Pro 输入输出管脚，提供过压保护；
- 高速扩展连接器连接到 40 个 Virtex-II Pro 输入输出管脚，可应用在微分或者单独终端中；
- 一个 AC－97 音频解码器，支持 speaker/headphone 输出以及线性输出；
- 麦克风和线性音频输入；
- 板上 XSGA 输出，70 Hz 的刷新率下可达到 1200×1600；
- 三个串行 ATA 端口，两个主机端口，一个目标端口；
- 支持用户可供时钟的板外扩展 MGT 连接；
- 支持 100 MHz 系统时钟，75 MHz SATA 时钟；
- 支持用户可供时钟；
- 开机及复位电路。

为了在该平台上支持部分动态重构，动态局部重构系统是使用 Xilinx 提供的内部访问接口 ICAP 进行配置的。体系结构如图 4.5 所示，整个系统被分成两个区域，静态区域包括 CPU、DDR SDRAM、OPB 总线，除此之外，还添加了 Sys_ACE 和 ICAP 模块，其中 Sys_ACE 用来读取保存在 CF 卡上的硬件加速器配置文件，而 ICAP 则用来将配置文件写入重构单元，完成重构操作。而动态区域作为可重构部分，这里是可重构硬件资源，其电路可根据需求动态地改变。当调用一个硬件函数，且满足配置条件，那么就在该区域形成对应的硬件加速器，这些加速器可以在同一块硬件资源上进行切换。动态模块通过总线宏跟片上外围总线（OPB）连接，整个模块由 OPB 总线接口——IPIF、通信接口及用户逻辑构成。标准化的通信接口不利于提高效率，接口设计并没有特定的规范，本章为不同的函数提供不同的接口。

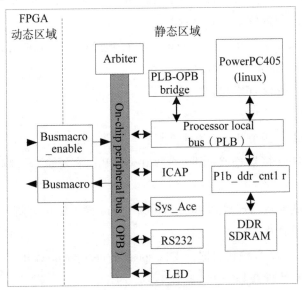

图 4.5　硬件平台结构

XC2VP30 FPGA 采用集成 RocketI/O 和 PowerPC 所采用的高水平系统集成技术，主要用于基于 IP 核和传统模块的设计。它先进的设计模式使可编程技术的使用模式从逻辑器件层次提升到系统级，用户可以在系统结构一级利用可编程性所提供的优点来构建动态部分重构系统。同时，它可以采用由上位机控制的基于 USB 技术实现的边界扫描配置模式或者脱离上位机控制的从板上 Flash 获得配置数据的并行主模式进行重构。

各模块设计完成后，需要按约束进行合并，以实现一个完整的 FPGA 设计。通过 Xilinx 提供的 PimCreat 工具，在各个模块实现时将模块的网表发布到指定目录中，集成时只要指定发布目录，综合工具将从中将模块网表文件提取出来，并根据顶层设计连接各个模块，生成顶层配置文件。

表4.1给出了hamming编码、解码和3DES加密与解密的函数执行时间。

表 4.1 函数平均执行时间

硬件函数名	软件函数执行时间	函数执行时间
tri_des_encrypt	0.003247955s	2.27033E-05s
tri_des_decrypt	0.003259619s	2.29317E-05s
hamming_encode	1.08462E-05s	2.90E-06s
hamming_decode	9.40E-06s	2.62E-06s

4.4.2 开发工具

本章静态软硬件划分原型系统开发主要用到的开发工具有 Xilinx 公司提供的 EDK 9.1、ISE 9.1 及 Mentor Graphic 公司的仿真工具 Modelsim 6.0。

EDK（Embedded Development Kit，嵌入式开发套件）是用于设计嵌入式可编程系统的全面解决方案，专门用于 FPGA 内部 32 位嵌入式处理器的集成化开发，并提供硬件和软件的协同设计能力，从而极大地缩短了设计周期。为提高设计的效率和简化设计，EDK 提供一系列的工具和 IP 核，包含 XPS、SDK、Xilinx 嵌入式处理器的硬 IP 核、嵌入式软件开发的驱动和库、为MicroBlaze或 PowerPC 处理器设计的 C/C++程序提供编译或调试等。

ISE（集成软件环境）是 Xilinx 公司 FPGA 逻辑设计的基础，集成了大量实用工具，包括 HDL 编辑器、IP 核生成器、约束编辑器、静态时序分析工具、布局规划工具、FPGA 编辑工具和功耗分析工具 Xpower 等，这些工具可以帮助设计人员完成设计任务，提高工作效率，允许设计者来构建复杂的环境。

ModelSim 是一种 HDL 语言仿真工具，是业内通用的仿真器之一，用于仿真验证设计的功能是否正确，可以支持 Verilog、VHDL 或是 VHDL/Verilog 混合输入的仿真。ModelSim 具有完善的 GUI 界面和用户接口，提供友好的调试环境，支持 C/C++功能调用和调试，为用户快速调试错误提供了强有力的手段，是 FPGA/ASIC 设计的 RTL 级和门级电路仿真的首选。

4.4.3 设计流程

本章过程级软硬件划分的 RSoC 原型系统引进了软硬件函数库及动态链接技术，根据系统运行时情况，实现软硬件动态划分，从而解决了传统设计方法在软硬件划分方面存在的问题。传统设计方法需要在项目开发早期就确定硬件与软件之间的划分，后期再进行修改难度很大。在现实设计过程中，往往会出现两种情况：①划分好的硬件系统过于复杂，需要改用软件来实现，以便实现一些复杂管理性功能；②被划分到软件上运行的任务，有时候需要发现性能难以满足要求，这样，设计者不得不考虑如何将该功能移至硬件。每次在硬件与软件实现之间的变化，都需要改变与该功能有关联的全部接口，对应的硬件或软件模块都需要重新设计和重新验证，这样会严重影响设计效率。

本章动态软硬件划分采用软硬件协同设计，设计开发流程如图 4.6 所示。

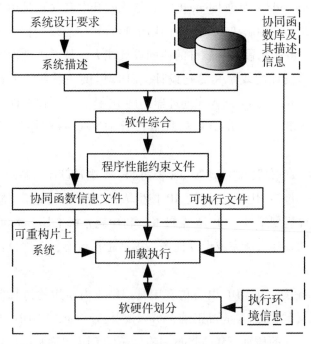

图 4.6 动态软硬件划分流程

4.4.4 算法性能测评

使用 C 语言描述本章的软硬件划分算法。由于实际已有的软硬件划分算法大多采用进程作为划分单位，或采用基本块（指令级划分），而本章是在进行软硬件划分，以自定义的软硬件抽象函数为划分对象，与这些算法难以直接进行比较实验。因此，本章考虑平台的特点，设计了三种方法来评估本章算法的性能：①无动态重构支持；②加入部分动态可重构后的划分；③引入预配置后的划分。三种方法都使用 JPEG 编码系统进行验证，图 4.7 是 JPEG 编码系统的过程。

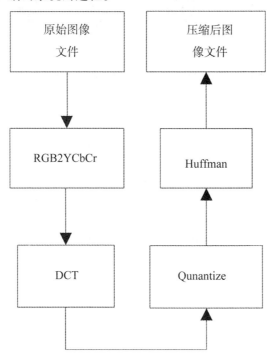

图 4.7 JPEG 编码系统

图 4.8 展示了三种方式实现 JPEG 编码所需要的时间。无动态重构支持的软硬件划分性能最差，动态重构下的划分性能比前者提高了 9.93%。引入预配置后，过程级软硬件划分的性能比无动态重构支持的划分提高了 18.44%，比动态重构下的划分提高了 9.45%。实验表明，随着可重构资源利用效率的不断提高，过程级软硬件划分的优势将更为明显。

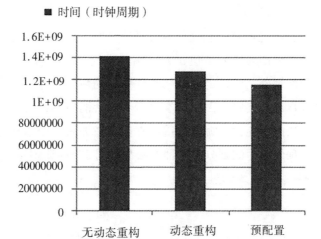

图 4.8   过程级软硬件划分算法三种情况的性能比较

4.5   本章小结

根据过程级编程模型的优势与可重构器件的特点，本章提出了考虑带权重任务节点深度的动态软硬件划分算法。该算法以软硬件抽象函数库划分粒度，动态获取系统参数，实时调整划分方案，充分利用任务节点间的依赖关系，可显著提高划分效率。通过实验证明了整套设计方法的可行性和高效性。

第五章　基于反馈机制的实时弹性任务调度算法

弹性周期任务是指任务的执行周期不固定，只要保证任务在一定时间范围内完成均可接受。随着应用的变化，弹性任务的概念也不局限在任务周期，放宽至在一定范围内可以对任务属性进行调整，在该范围内的任务执行结果都将为系统所接受。弹性任务在嵌入式系统里面应用广泛。现有的弹性任务调度算法大多重点考虑由实时系统外部因素导致的系统负载变化，未能充分认识到系统内部因素的影响。因此，通过采用恰当的反馈机制，将系统内部的任务实际运行状态反馈至调度器，能够实时把握系统状态，更加合理且充分地利用系统资源。

5.1　弹性任务调度算法

弹性任务调度算法包含两个假设条件：第一个假设是任务周期并不是固定的，其取值能够在一定范围内连续变化，第二个假设是任务执行时间能够事先得知。根据这些假设条件，为了最大限度保证所有实时任务能够顺利完成，通常会根据最坏任务执行时间对系统资源进行分配和调度。但是，这样的分配策略会带来系统资源的浪费，每个任务都按照其最差情况进行资源分配和调度，使得任务获得高于其真正需求的系统资源，影响任务资源利用率。

在近实时弹性任务调度算法中，系统可调度性由整个任务集合的任务资源利用率之和 U 决定，每个任务的资源利用率都对系统可调度性产生重要影响。然而任务实际执行过程中并不总是工作在任务最坏执行时间，任务执行时间预先确定的假设条件，将不能很好地反映系统中任务实际运行情况，造成任务占用过高资源利用率，对系统资源造成了一定程度的浪费，同时也在一定程度上降低了调度成功率。

在广义实时弹性任务调度算法中，系统可调度性条件由如下公式给出：

$$\sum_{i=1}^{j} c_i \leqslant D_j, \quad j = 1, \cdots, N \tag{5.1}$$

$$\sum_{i=1}^{N} (L - D_i) U_i \leqslant L - \sum_{i=1}^{N} c_i \tag{5.2}$$

$$L = \begin{cases} D_2 : D_1 + T_1 \leqslant D_2 \\ \min_{i=1}^{N} (T_i + D_i) : \text{otherwise} \end{cases} \tag{5.3}$$

从公式5.1和式5.2可以看出，任务执行时间对任务可调度性影响很大，如5.1式中任务截止期为常数，任务集合中各个任务执行时间将直接决定实时系统的可调度性，在本章中广义周期调整算法中首先据式5.1进行可调度性判断；式5.2中，该条件右边部分也与任务执行时间密切相关。因此，弹性任务调度算法中任务执行时间预先确定的假设条件很大程度上降低了任务调度成功率，导致算法性能偏低。

5.2　任务模型

针对实时弹性任务调度算法中对任务执行时间的悲观估计，本章假定任务执行时间不再是预先确定的任务最坏执行时间，任务执行时间在一定范围内是可以动态变化的。对具有此种特征的实时弹性任务进行如下定义：

定义 5.1　每个实时弹性任务可由七元组 $\Gamma_i(C_i^{up}, c_i, D_i, T_i, T_{i_{\min}}, T_{i_{\max}}, e_i)$ 表示。任务集合 $\Gamma = (\Gamma_1, \Gamma_2, \cdots, \Gamma_N)$。$C_i^{up}$ 为任务 Γ_i 的执行时间上限，即任务最坏执行时间（WCET）；c_i 是任务 Γ_i 当前执行时间，其范围为 $1 < c_i \leqslant C_i^{up}$；$D_i$ 是任务 Γ_i 的截止期，当针对 GESA 算法时，$D_i \leqslant T_i$，其他 $D_i = T_i$；T_i 是任务 Γ_i 的当前任务周期，其可在 $[T_{i_{\min}}, T_{i_{\max}}]$ 区间连续变化；$T_{i_{\min}}$ 是任务 Γ_i 的最小任务周期；$T_{i_{\max}}$ 是任务 Γ_i 的最大任务周期；e_i 是任务 Γ_i 的弹性系数，用来表明改变此任务周期的难易程度，弹性系数越小，则改变任务周期越难，其取值范围为 $e_i \geqslant 0$。当 $e_i = 0$ 时，任务周期不可调，可看作硬实时任务。

定义 5.2　系统资源利用率 U 为实时弹性任务集合 Γ 中所有任务资源

利用率之和。假定任务集合有 N 个任务。则系统资源利用率 $U = \sum_{i=1}^{N} U_i$。其中 U_i 表示任务 Γ_i 的资源利用率，即任务执行时间与任务周期之比：$U_i = c_i / T_i$。任务 Γ_i 当前执行时间的最小资源利用率 $U_{i_{\min}} = c_i / T_{i_{\max}}$，当前执行时间的最大资源利用率 $U_{i_{\max}} = c_i / T_{i_{\min}}$。基本实时弹性任务调度算法中所有硬实时任务资源利用率之和用 U_s 表示，系统额定资源利用率用 U_d 表示。

5.3　算法总体设计

针对实时弹性任务调度算法中对任务执行时间的悲观估计，本章假定任务执行时间可变，通过动态反馈机制预测任务执行时间。算法总体框架如图 5.1 所示，主要有两部分，即弹性周期调度部分和反馈控制部分。弹性周期调度部分采用分层调度机制，上层调度算法是对任务周期进行调整的弹性周期调整算法，底层调度算法采用经典调度算法对任务分配优先级并依次调度。反馈控制部分通过动态反馈任务实际执行情况，并对系统负载情况进行预测，对弹性周期调度部分提供调度参考依据。

弹性周期调度部分中周期调整算法主要是根据当前系统负载情况调整各个任务当前周期属性 T_i，保证整个任务集合满足经典算法的可调度条件。当系统出现过载情况，即不能满足经典调度算法的可调度条件时，周期调整算法增加部分任务作业周期使得系统可调度，提高调度成功率；当系统出现轻负载时，周期调整算法将压缩实时弹性任务周期，以提高任务资源利用率，使得任务更快执行完，进而提高系统吞吐量，合理利用系统资源。

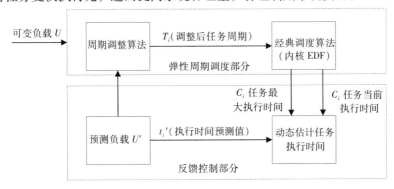

图 5.1　调度算法总体框架

　　反馈控制部分通过记录系统中任务实际执行情况,使调度算法了解系统中真实负载变化,实时反馈任务当前执行时间,并对任务执行时间进行估计,避免使用预先确定的最坏执行时间的悲观估计,进而预测系统负载情况,指导弹性周期调度部分进行调度。

　　基于反馈控制的实时弹性任务调度算法总体流程图如图 5.2 所示。

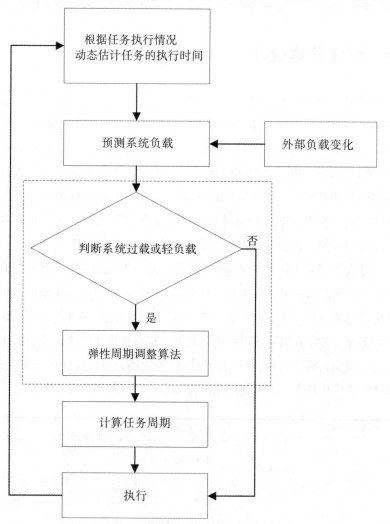

图 5.2　调度算法总体流程图

　　算法在外部负载变化和内部反馈机制的双重作用下,对系统负载进行预测估计,内部反馈机制主要对任务执行时间进行实时监控,外部负载变化通常由于外界环境变化导致系统负载发生变化。如果当前系统负载过载或者处于轻负载状态，即触发弹性周期调整算法对任务周期进行调整，然后继续执行；如果系统中负载处于较合理水平，则继续执行，同时实时监测系统中负载变化。图中有虚线框部分，可根据不同弹性周期调整算法对系统负载进行调整。

5.4 周期调整算法

根据任务截止期与任务周期关系进行分类，针对任务截止期等于任务周期的近实时弹性任务调度算法，采用改进的基于资源预留的周期调整算法；针对任务截止期不大于任务周期的广义实时弹性任务调度算法，采用广义弹性周期调整算法。

5.4.1 基于资源预留的周期调整算法

根据上述近实时弹性任务周期调整算法的分析，结合硬实时任务资源预留的优点，同时考虑到软实时任务周期调整算法的不足，大部分是由于周期调整算法中性能指标函数不能很好地反应系统中任务资源利用率变化，进而不能较好地维持系统性能，出现任务性能的急剧变化。本章提出了一种基于资源预留的周期调整算法。该算法的基本思想为：首先通过资源预留，将硬实时任务所需系统资源分出来，保证硬实时任务顺利完成，然后以任务资源利用率变化方差为控制性能指标函数，对弹性任务周期进行调整。

5.4.1.1 形式化描述

周期调整算法可以规约为最优化问题，从而将周期任务调度问题转变为如何选取合适的控制性能指标函数，以实现系统最佳的性能。

资源利用率对任何实时系统来说都是很重要的评价参数，它不仅代表实时任务所占用的系统资源，而且直接影响系统的可调度性以及系统吞吐量。从任务资源利用率定义可知，影响任务资源利用率的两个重要因素为：任务执行时间和任务周期。基于弹性任务调度算法的假设条件可知任务执行时间是预先确定的，在任务执行过程中保持不变，影响任务资源利用率的关键因素为任务周期。因此，本章将对任务周期的调整转换为直接对任务资源利用率进行调整。

从维持系统性能的角度出发，期望系统中各个任务性能不发生突变，最小化任务资源利用率的变化在很大程度上能保证系统性能缓慢变化，是一种值得推崇的控制指标函数。如减少一个任务资源利用率意味着系统执行速率减缓并且对系统扰动更加敏感，本章以尽可能减少任务资源利用率的变化为目标。另外，任务资源利用率变化有增有减，采用其方差能自适应地处理该变化。因此，本章以最小化任务资源利用率的变化方差作为弹性任务调度最优化问题的控制性能指标。采用的性能指标函数如下：

$$E(U_1, \cdots, U_N) = \sum_{i=1}^{N} \frac{1}{e_i}(U_{i_{max}} - U_i)^2 \tag{5.4}$$

其中 N 表示系统中任务个数，U_i 是任务 Γ_i 的资源利用率，$U_{i_{max}}$ 是任务 Γ_i 最大资源利用率，$1/e_i \geq 0$ 是一个常量，用来表示任务 Γ_i 的关键程度，越紧急的任务其值越大，改变其周期的难度越大，针对 $e_i = 0$ 的硬实时任务，其周期不可改变，本章对其采用资源预留的方式进行处理。

式 5.4 的控制性能指标对任务轻负载或者过载的情况均适用，因此该弹性周期调整算法可以根据系统负载情况自适应地进行周期调整，以达到最佳系统性能。

假定系统中 N 个实时任务，其中 s 个硬实时任务，$N-s$ 个软实时任务。本章底层调度算法采用 EDF 调度算法。实时弹性任务周期调整算法可规约为式 5.5 至式 5.9 所示最优化问题。

$$\min: E(U_1, \cdots, U_N) = \sum_{i=1}^{N} \frac{1}{e_i}(U_{i_{max}} - U_i)^2 \tag{5.5}$$

$$s.t. \quad \sum_{i=1}^{s} U_i + \sum_{i=s+1}^{N} U_i \leq U_d \tag{5.6}$$

$$U_i = U_{i_{max}}, \quad i = 1, \cdots, s \tag{5.7}$$

$$U_i \geq U_{i_{min}}, \quad i = s+1, \cdots, N \tag{5.8}$$

$$U_i \leq U_{i_{max}}, \quad i = s+1, \cdots, N \tag{5.9}$$

其中 $U_{i_{max}}$ 是任务最大资源利用率，U_i 是任务资源利用率，U_d 是系统能承受的最大资源利用率额定值，EDF 算法中 $U_d = 1$，$1/e_i$ 是任务的权重因子，决定任务的关键性，任务越关键则该值越大。式 5.6 是 EDF 调度算法的可调度充要条件，式 5.7 至式 5.9 是每个任务自身限制条件。

本章采用资源预留技术处理硬实时任务，则实时任务集合中 s 个硬实时任务的总资源利用率 $\sum_{i=1}^{s} U_i$ 可以看作为一个定值，由定义 5.2 可知，$U_s = \sum_{i=1}^{s} U_i$。即式 5.6 可改写为 $\sum_{i=s+1}^{N} U_i \leq U_d - U_s$，即 U_s 为硬实时任务预留的资源。

$N-s$ 个弹性任务是本章周期调整算法的主要研究对象。根据系统负载变化来动态调整各个弹性任务的周期，使得系统在系统过载时能保证系统得以继续运行，在系统轻负载时提高系统总资源利用率。如何求得弹性任务的最佳周期，即求得上述问题的最优解，将是本章需要解决的问题。

5.4.1.2 数学推导及证明

求解式 5.5 至式 5.9 最优化问题并不难，但是直接求其最优解也未免开销太多，参考其他弹性周期调整算法的求解过程，本章首先从数学上求得其理论最优解。

引理 5.1 给定式 5.5 至式 5.9 的最优化问题，并且 $\sum_{i=s+1}^{N} U_{i_{\max}} > U_d - U_s$，则其最优解 U_i^* 必须满足 $\sum_{i=s+1}^{N} U_i^* = U_d - U_s$，且 $U_i^* \neq U_{i_{\max}}$。

证明：使用求解最优化问题的最优解需满足的 KKT（Karush-Kuhn-Tucker）必要条件来推导其最优解。式 5.5 至式 5.9 最优化问题的拉格朗日函数为：

$$J_a(U, u) = \sum_{i=1}^{N}(U_{i_{\max}} - U_s)^2/e_i + \mu_0\left(\sum_{i=1}^{N} U_i + U_s - U_d\right) +$$
$$\sum_{i=s+1}^{N}\mu_i(U_{i_{\min}} - U_i) + \sum_{i=s+1}^{N}\lambda_i(U_i - U_{i_{\max}}) + \sum_{i=1}^{s}\theta_i(U_i - U_{i_{\max}})$$

$$(5.10)$$

其中 μ_0，μ_i，λ_i，θ_i 是拉格朗日乘数。$\mu_0 \geq 0$，$\mu_i \geq 0$，$\lambda_i \geq 0$，$\theta_i \geq 0$。由式 5.7 可知当 $i = 1, \cdots, s$ 时，$U_i = U_{i_{\max}}$ 即可将上述拉格朗日函数简化求解。对其拉格朗日函数中 $i = s+1, \cdots, N$ 的任务资源利用率求导，得到 $N-s$ 个软实时任务中某个任务最优解 U_i^* 满足如下必要条件：

$$-2(U_{i_{\max}} - U_s)^2/e_i + \mu_0 - \mu_i + \lambda_i = 0 \qquad (5.11)$$

$$\mu_0\left(\sum_{i=s+1}^{N} U_i^* - U_s + U_d\right) = 0 \qquad (5.12)$$

$$\mu_i(U_{i_{\min}} - U_i^*) = 0 \qquad (5.13)$$

$$\lambda_i(U_i^* - U_{i_{\max}}) = 0 \qquad (5.14)$$

假定 $\sum_{i=s+1}^{N} U_i^* \neq U_d - U_s$，则 $\mu_0 = 0$，同时式5.8和式5.9中至少有一个式子不是等值，即任务不可能同时为最大资源利用率和最小资源利用率。

假定任务 k 对于式5.8等值，那么 $U_k^* = U_{k_{\min}}$，任务 k 对于式5.9必须不等值，$\lambda_k = 0$，则，$\mu_k = -2(U_k^* - U_{k_{\min}})/e_k < 0$ 与 $\mu_k \geqslant 0$ 矛盾。因此，当 $U_k^* = U_{k_{\min}}$ 时，式5.6取等值。

假定任务 h 在式5.9等值，那么 $U_h^* = U_{h_{\max}}$，并且任务 k 满足 $U_{k_{\min}} < U_k < U_{k_{\max}}$ 也即 $\mu_h = 0$，$\lambda_h \geqslant 0$，$\lambda_k = \mu_k = 0$，由式5.11得到，$\mu_0 = 2(U_{h_{\min}} - U_h^*)/e_h + \mu_h - \lambda_h = -\lambda_h$，$\mu_0 = 2(U_{k_{\min}} - U_k^*)/e_h$ 这两个式子不可能同时成立。因此，得到所有弹性任务对于式5.9全部是等值或者全部不等值。假设式5.9全部等值，则 $\sum_{i=1}^{N} U_{i_{\max}} > U_d$，不满足可调度条件；当所有任务的式5.9都不等值，则 $\mu_0 > 0$，与式5.6不等值矛盾。因此，条件式5.6是等值，即 $\sum_{i=s+1}^{N} U_i^* = U_d - U_s$。证毕。

据引理5.1，式5.5至式5.9最优化问题可求得定理5.1所示的最优解。

定理 5.1 给定式5.5至式5.9最优化问题中，$\sum_{i=s+1}^{N} U_{i_{\max}} > U_d - U_s$，$\sum_{i=s+1}^{N} U_{i_{\min}} < U_d - U_s$，令 $U_c = \sum_{U_i^* \neq U_{i_{\min}}} U_{i_{\max}} + \sum_{U_i^* = U_{i_{\min}}} U_{i_{\min}}$，则其最优解 U_i^* 由如下式子得到：

当 $U_i^* > U_{i_{\min}}$ 时，$U_i^* = U_{i_{\max}} - e_i(U_c - U_d + U_s)/\sum_{U_j^* \neq U_{j_{\min}}} e_j$；

或者 $U_i^* = U_{i_{\min}}$。

证明：通过 KKT 条件，由引理5.1得到 $\sum_{i=s+1}^{N} U_i^* = U_d - U_s$，并且 $U_i^* \neq U_{i_{\min}}$。因此，仅需要考虑的是 $\lambda_i = 0$ 的情形。假定任务 k 在式5.8是等值，则 $U_k^* = U_{k_{\min}}$，得到 $\mu_k = \mu_0 - 2(U_{k_{\max}} - U_{k_{\min}})/e_k$，否则，$\mu_k = 0$。将所有弹性任务式5.9都加起来，得到如下式：

$$\mu_0 = 2(U_c - U_d + U_s)/\sum_{U_i^* \neq U_{i_{\min}}} e_i$$

只要 $U_c > U_d - U_s$，$\mu_0 > 0$，$\mu_i \geqslant 0$，并满足式 5.9。因此，U_i^* 的取值，要么 $U_i^* = U_{i_{\min}}$，或者当 $U_i^* > U_{i_{\min}}$ 时，$U_i^* = U_{i_{\max}} - e_i(U_c - U_d + U_s) / \sum_{U_j^* \neq U_{j_{\min}}} e_j$。证毕。

另外，式 5.5 至式 5.9 最优化问题中所有不等式条件均为凸函数，则求解该最优化问题的 KKT 必要条件也是其充分条件。因此，定理 5.1 所求最优解是全局最优解。

5.4.1.3　周期调整算法描述

从数学角度来讲，通过定理 5.1 可直接求得式 5.5 至式 5.9 最优化问题的最优解，通过对每个弹性任务资源利用率取值进行枚举操作并比较控制性能指标函数，则该函数最小值对应其最优解，每个弹性任务的资源利用率最终有两种取值可能，即 $U_i^* = U_{i_{\min}}$ 或者 $U_i^* > U_{i_{\min}}$，则求得最优解的时间复杂度为 2^n，n 是系统中弹性任务个数。虽然能够求得其最优解，但是考虑周期调整算法需要在线运行求解，直接求其最优解也未免开销太多。因此，本章参照 ECA 算法中的迭代思路来求得式 5.5 至式 5.9 近似最优解。本章中将改进后的周期调整算法记为 IPAA 算法（Improved Period Adjusting Algorithm，IPAA），对应的弹性任务调度算法记为 IESA 算法（Improved Elastic Scheduling Algorithm，IESA）。

周期调整算法的基本思想为：首先将任务分为两个集合，一个是周期不可调整的固定任务集，该集合包括硬实时任务、任务利用率已经调整到最小值的任务；另一个可调整任务集合，该集合中任务周期可调。

根据定理 5.1，分别计算可调整任务集合中各个任务周期，如果任务周期超过其最大值，则其任务周期将固定为最大值，并更新两个任务集合，继续按照定理 5.1 计算余下可调任务集合中的任务周期，继续迭代，直到所有任务都属于固定任务集合或者系统达到某一稳定状态为止。

该周期调整算法伪代码如下：

Algorithm 5.1　IESA（tasks，u）

---

1. **Begin**
2. 　　计算任务集合的最小资源利用率之和 U_m
3. 　　$if(U_m + U_s < u)$ return INFEASIBLE

续表

---

4. **Do** {

5.   **For**（每个任务 Γ_i）

6.   计算 U_c

7.   计算 sum_e

8. **End For**

9.   flag = 1

10.   **For**（每个可调任务）

11.   **IF**（任务 Γ_i 周期可调）

12.   定理 5.1 求解任务资源利用率计算 U_i^*

13.   根据资源利用率计算任务周期

14.   **End IF**

15.   **IF**（任务周期大于其最大周期）

16.   任务周期 = 最大周期

17.   flag = 0

18.   **End IF**

19.   **End For**

20. } **While**（flag = 0）

21. **Return** FEASEABLE

22. **End**

算法运行过程描述：该算法首先计算所有实时任务都为最小资源利用率时的系统是否可调度，如果此时不可调度则整个算法不存在可行解，如果存在可行解，则采用迭代思路求其最优解。

当任务周期发生改变时，通过 while 循环迭代求解其近似最优解。所有弹性周期任务按照定理 5.1 中条件计算 U_c 以及 sum_e，进而根据定理 5.1 中计算任务资源利用率的公式来计算每个弹性任务资源利用率以及任务周期，如果计算得到的任务周期大于其最大任务周期，则弹性任务的弹性周期已经达到极限，取其最小资源利用率即最大任务周期，任务归为不可调整的固定任务集合。此时定理 5.1 中的 U_c 及 sum_e 发生变化，迭代循环更新 U_c 及 sum_e，继续求解，直到所有任务周期达到稳定状态或者是所有任务都处于最大任务周期。

5.4.1.4 周期调整算法实例及分析

假定实时弹性任务集合由 5 个任务组成，其中有 1 个硬实时任务，4

个弹性周期任务。实时弹性任务参数如表 5.1。任务 0 表示硬实时任务。该弹性任务实例为众多参考文献引用，具有一定的代表性。

表 5.1　近实时弹性任务参数表

Task	C	T_{min}	T	T_{max}	e
0	4	100	100	100	0
1	24	30	100	500	1
2	24	30	100	500	1
3	24	30	100	500	1.5
4	24	30	100	500	2

所有任务从 0 时刻开始运行，其初始周期都为 100 时间单元，所有可调弹性任务执行时间为 24 个时间单元，此时资源利用率之和 $U = 1$，该任务集合能被 EDF 算法调度。

1. 系统负载过载

假定在时刻 5000，任务 1 因某些外部因素周期需减少到 33 个时间单元，此时系统资源利用率 $U = 4/100 + 24/33 + 24/100 + 24/100 + 24/100 = 1.49$，显然超过了系统资源利用率额定值 1。而该任务集合可接受的最小资源请求为 $U = 4/100 + 24/500 + 24/500 + 24/500 + 24/500 = 0.911 < 1$，即此时系统存在可行解。此时调用周期调整算法对任务 2、任务 3、任务 4 周期进行调整，任务 0 为硬实时任务，其周期不可调。经过本章算法进行调整，调整前后任务周期如表 5.2 所示。

表 5.2　过载时各个任务调整前后周期变化

任务	调整前周期（时间单元）	调整后周期（时间单元）
0	100	100
1	100	33
2	100	176
3	100	500
4	100	500

由表 5.2 中看出，任务发生过载后，周期调整算法通过对实时弹性任务周期进行调整以降低系统负载，进而满足 EDF 底层调度算法可调度条

件。调整后系统资源利用率 $U = 4/100 + 24/33 + 24/176 + 24/500 + 24/500 = 1$。

其中任务 0 是硬实时任务，调整后周期不发生变化，任务 1 周期由于外界原因，资源利用率变大，周期调整到 33，任务 2 至任务 4 将增加各自周期，以适应系统中负载变化，其任务周期按照其弹性系数的不同进行不同程度的调整，任务 4 弹性系数最大，调整范围最大。任务 2 弹性系数最小，则其周期改变较小。

2. 系统负载轻负载

假定在时刻 5000，任务 1 周期减少到 300 个时间单元，此时系统资源利用率 $U = 4/100 + 24/300 + 24/100 + 24/100 + 24/100 = 0.84$，此时系统负载较轻，任务 2 至任务 4 可以更快执行完，即可对任务 2 至任务 4 周期进行调整。经过本章周期调整算法对任务周期进行调整，调整前后任务周期如表 5.3 所示。

表 5.3　轻负载时各个任务调整前后周期变化

任务	调整前周期（时间单元）	调整后周期（时间单元）
0	100	100
1	100	300
2	100	52
3	100	82
4	100	193

从表 5.3 中可以看出，系统处于轻负载状态，周期调整算法将压缩任务的周期，提高系统资源利用率，以合理利用系统中有限资源。调整后系统资源利用率 $U = 4/100 + 24/300 + 24/52 + 24/82 + 24/193 = 1$，提高了系统资源利用率。

其中，任务 0 是硬实时任务，其周期不可调整，保持不变。任务 1 周期延长，降低了其自身资源利用率，从而其空闲出来的系统资源分配给任务 2 至任务 4 利用，提高任务 2 至任务 4 的资源利用率，提高其运行速度。经过调整后，任务 2 因其任务关键性最小，获得更多的系统资源。

3. 减少一个任务

假定在时刻 5000，任务 1 因为某些原因导致其不需要再执行，此时系统资源利用率 $U = 4/100 + 24/100 + 24/100 + 24/100 = 0.76$，此时系统负载较轻，任务 2 至任务 4 可以更快执行完，即可对任务 2 至任务 4 周期进行调整。调整前后任务周期如表 5.4 所示。

表 5.4　减少任务 1 前后各个任务周期变化

任务	调整前周期（时间单元）	调整后周期（时间单元）
0	100	100
1	100	100
2	100	50
3	100	75
4	100	150

从表 5.4 中可以看出，任务 1 退出系统执行后，经过周期调整，系统资源利用率 $U = 4/100 + 24/50 + 24/75 + 24/150 = 1$，提高了系统资源利用率。

其中任务 0 是硬实时任务，其周期不发生变化，任务 1 退出系统，其周期不改变，但不再占用系统资源，系统处于轻负载状态，周期调整算法按照任务关键性重新分配系统资源。

4. 增加一个任务

假定在时刻 5000，系统中增加任务 5，其任务属性为 task（24，30，100，500，2），此时系统负载增加，系统整体资源利用率之和 $U = 4/100 + 24/100 + 24/100 + 24/100 + 24/100 + 24/100 = 1.28$，系统负载超过其额定值 1，而任务集合最小所需要资源利用率之和为 $U = 4/100 + 24/500 + 24/500 + 24/500 + 24/500 + 24/100 = 0.472$，存在可行解，从而应用本章算法对任务 1 至任务 4 周期进行调整。调整前后任务周期如表 5.5 所示。

表 5.5　增加任务 5 前后各个任务周期变化

任务	调整前周期（时间单元）	调整后周期（时间单元）
0	100	100
1	100	79
2	100	79
3	100	404
4	100	500
5	100	100

从表 5.5 中可以看出，当增加任务 5 后，系统负载改变，将重新分配任务周期。调整后的资源利用率 $U = 4/100 + 24/79 + 24/79 + 24/404 + 24/500 + 24/100 = 0.995$，保证了系统的可调度性。任务 0 是硬实时任务，任务 5 是新加入任务，周期不变，对其他任务进行周期调整。任务 1 和任务 2 关键性相同，其任务周期相同；任务 3 关键性次之，其周期较任务 1、任务 2 大，较任务 4 小，任务 4 关键性最低，周期最长。

从表 5.2 至表 5.5 可以看出，该算法不仅适用于系统处于过载情况，同样适用于系统处于轻负载情形，该算法可以很好地根据当前负载情况，对任务周期进行调整，进而得到当前系统的最优周期集合。

对本章 IPAA 算法进行时间复杂度分析，具体分析如下：

本章启发式算法时间复杂度为 $O(N^2)$。本章算法有两种情况：第一种情况是不存在可行解，则算法并不执行 while 循环，计算弹性任务集合的最小资源利用率，此时时间复杂度为 $O(N)$；第二种情况存在可行解，算法需要调用 while 循环迭代求解，循环执行一次时间为 $O(N)$，如果有任务周期达到最大值，则迭代执行 while 循环，该迭代次数最大为 $N-s$，时间复杂度为 $O(N^2)$。

因此，本章算法时间复杂度为 $O(N^2)$。

当采用定理 5.1 直接求解该最优化问题，需要对 U_i 的值枚举处理，每个 U_i 取值为两种，则其时间复杂度为 $O(2^N)$，显然时间复杂度有很大改进。

另外，与经典弹性调度算法中周期调整公式 5.1 对比，其计算复杂度处于同一级别，都为 $O(N^2)$。因此，本章算法不仅改善了调整效果，而且也未造成较高的时间复杂度，满足在线求解的要求。

5.4.2　广义周期调整算法

广义周期调整算法规约后的最优化问题。该算法中可调度条件为不定值，采用迭代启发式算法，设计 GESA 算法（General Elastic Scheduling Algorithm，GESA）。GESA 算法基本思路为：首先计算可调度条件参数为定值时，求解各个任务周期，然后采用迭代思路对可调度条件参数进行更新，依次求解，直到算法收敛到某一稳定值，此时算法求得的任务周期即为调整后的任务周期。算法伪代码如下：

Algorithm 5.2 GESA（Γ，θ，*maxIter*，*bestObjF*）

---

1. **Begin**
2.   计算任务集合是否满足可调度条件，如果不满足，则找不到可行解
3.   初始化任务周期为最大任务周期
4.   **For**（$h=0$；$h<maxIter$；$h=h+1$）
5.   计算此次迭代中 L 值
6.   判断当前任务集合是否满足 EDF 算法可调度条件
7.   **If**（满足可调度条件）
8.   **For Each**（$\Gamma_i \in \Gamma$）
9.   根据当前负载情况计算任务集合的控制性能指标 *ObjF*（式 5.1）
10.   **If**（满足条件 and *ObjF*<当前最优值）
11.   更新当前最优值、最优周期
12.   **If**（满足迭代结束条件）
13.   结束迭代过程，返回当前最优周期
14.   **If**（$D_1+T_1 \leqslant D_2$）
15.   计算任务周期
16.   **End For**
17.   **Else**
18.   执行回滚操作，朝最优解方向求解
19.   **End**

5.5 底层调度算法

底层调度一般采用经典实时调度算法，如 EDF、RM 等，为调整后任务分配优先级并依次进行调度。

一般而言，RM 调度算法是静态优先级调度算法，假定系统中任务序列的截止期、执行时间、执行周期等参数都是已知的，即系统中每个周期任务的优先级、任务执行顺序也是已知的。RM 调度算法中任务周期决定任务优先级。所有周期性任务按照周期长短进行排序，任务周期越短，则优先级越高。也就是说周期最短的任务其优先级最高，周期次短的任务其优先级次高，依此排序。如果将任务周期看作是任务执行速率的倒数，则优先级是关于任务速率的单调递增函数，因此称算法为速率单调算法。该算法可调度的充分条件为：$U^{RM}=n(2^{1/n}-1)$。

最早截止期优先 EDF 调度算法，任务优先级由任务截止期决定，并根据任务截止期动态分配。截止期越早的任务，其拥有越高的优先级。任务优先级在其执行过程中并不是固定不变的，即任务优先级可能动态改变，对于这种类型的实时系统，采用静态优先级调度算法将不能发挥系统性能，通常采用动态优先级调度算法。EDF 调度算法其可调度分析非常简单，在单 CPU 情况下，EDF 算法可调度的充要条件为：$\sum_{i=1}^{N} \frac{c_i}{T_i} \leq U^{EDF} = 1$。

EDF 算法是实时系统中成熟的动态任务调度算法，本章研究内容中随着任务属性的改变，任务关键性也会发生改变。因此，本章底层调度算法采用 EDF 算法。

5.6　动态任务执行时间估计方法

实时系统为确保实时任务顺利完成，以实时任务最坏执行时间作为任务执行时间，进而对其分配资源执行。实时系统中任务执行时间并不总是保持不变，并工作在 WCET，实时任务执行时间在每次任务执行时都会发生变化。

本章考虑任务执行时间动态可变，即任务每次运行时间会发生变化。如流媒体服务中，任务执行时间与处理数据量相关，其执行时间会有几倍的差别。如果直接使用 WCET，会导致系统负载情况估计过于悲观。

实时系统中无法预知实时任务执行时间，但任务执行时间与该任务执行时间的历史信息有很大联系。本章中反馈控制部分通过记录任务执行时间的历史信息，并据此估计任务下一次执行时的执行时间，进而对系统负载情况进行预测，为弹性周期调度部分进行任务周期调整提供依据。

动态估计任务执行时间的方法可以描述为：通过嵌入在内核中的运行时管理器得到任务当前执行时间。在每个任务结束时，运行时管理器记录任务当前执行时间，并传递给图 5.1 中反馈控制部分的动态估计模块。该动态估计模块将根据当前执行时间和历史执行时间信息对任务下一次执行时间进行估计。将得到的执行时间预测值作为任务执行时间，进一步对任务负载进行估计，作为弹性周期调度模块的参考信息。

该方法中如何估计任务执行时间将是需要考虑的关键问题，选用合适的动态执行时间估计范围直接影响到能否反映出系统真实的运行情况。如果估计值与实际值相差较大，将难以对系统资源合理利用，而且估计过程本身还会造成不必要的执行开销。如果估计方法能较好地反映系统中实际执行情况，将会提高弹性任务调度算法性能，使系统中资源得到合理分配和利用。

一般而言，任务估计执行时间大于平均执行时间比较合理。因此，本章动态估计任务 Γ_i 执行时间的范围在平均执行时间和最坏执行时间之间取值。用 Q_i 表示任务 Γ_i 的平均执行时间，则 $c_i \in [Q_i, C_i^{up}]$。执行时间估计值由式 5.15 得到。

$$c_i = Q_i + k(C_i^{up} - Q_i) \tag{5.15}$$

其中 $k \in [0, 1]$ 是一个保证因子，用来平衡预测性和有效性。如果 $k = 1$，任务执行时间估计值是 WCET，因此本章采用的估计策略同样适用于 WCET 情形。当 k 值越大，任务执行时间越接近最坏执行时间，释放的空闲资源越少；当 k 值越小，任务执行时间越接近平均执行时间，释放的空闲资源越多，但有可能造成任务执行时间小于其实际运行时间，从而错失任务截止期。

需要指出的是，本章动态估计任务执行时间的方法，能在无法预知任务执行时间的情况下运行，其任务最坏执行时间以及任务平均执行时间可以通过在任务执行过程中获得，从而能适应于不同硬件平台、不同处理器的计算能力。

5.7 基于反馈的弹性调度算法

5.7.1 基于反馈机制的近实时弹性任务调度算法

5.7.1.1 算法描述

近实时弹性任务调度算法采用前面所说的改进算法作为周期调整算法，加入反馈机制，动态估计任务执行时间。IESA 算法研究有硬实时任务参与的近实时弹性任务调度算法。该算法对硬实时任务采取资源预留，其任务周期不可调，同时算法能自适应地处理系统过载或轻负载情况，无需对过载和轻负载情况分别处理。

根据图 5.2 中算法流程图，将其中曲线框中内容由 IESA 算法对任务周期进行调整。基于反馈机制的 IESA 算法简写为 F-IESA（Feedback Improved Elastic Scheduling Algorithm，F-IESA）。

该算法基本思想为：通过反馈机制，动态反馈实时任务当前执行时间，结合任务历史执行信息，动态估计任务执行时间，作为任务下一次执行时间，预测系统负载，同时结合系统中外部负载的变化，计算出整个系统中任务集合当前负载之和 U。如果当前预测负载超出系统额定资源利用率或者低于系统最低资源利用率要求，则调用 IESA 算法中的周期调整算法进行周期调整，使得系统处于期望的资源利用率范围之内。算法伪代码描述如下：

Algorithm 5.3 F-IESA（Γ，U）

---

1.   **Begin**
2.   **While**（有任务在执行）
3.   **For Each**（$\Gamma_i \in \Gamma$）
4.   更新任务估计时间并预测任务负载情况
5.   更新当前由于其他外部或者内部原因引起的负载变化
6.   **End For**
7.   计算系统资源利用率 U，所有任务资源利用率之和
8.   **If**（$U>U_d$ or 轻负载）
9.   IESA（Γ，U）；//Algorithm 5.1
10.   **End If**
11.   **End While**
12.   **End**

5.7.1.2　算法分析

F-IESA 算法是针对任务截止期等于任务周期的基本反馈弹性任务调度算法，在实时系统运行过程中，该动态时间估计模块实时监测任务实际执行时间。考虑到任务执行时间并不总是工作在最坏执行时间，以引入反馈执行开销为代价，达到更好地利用系统资源的目的。

该算法中采用最小化任务资源利用率的变化方差作为控制性能指标参数，对任务资源利用率的增加或减少均有效，因此，该算法能根据系统负载变化进行灵活调度。当计算系统总资源利用率不在期望范围内，即可启动该算法重新进行资源分配。当系统过载时，即超过额定的资源利用率，

需要对任务资源利用率进行压缩，降低系统负载，提高任务调度成功率；当系统轻负载，即系统资源利用率小于系统要求的最低资源利用率时，调用本算法对周期进行压缩，提高系统负载，合理利用系统资源。

另外，IESA 算法考虑了有硬实时任务参与的情况，此时硬实时任务周期不可改变，增强了算法适应性。

前面对 IESA 算法时间复杂性进行了分析，其时间复杂度为 $O(N^2)$。在 IESA 算法基础上，增加反馈机制的时间复杂度为 $O(N)$，并不会影响整个算法时间复杂度，因此，F-IESA 算法时间复杂度为 $O(N^2)$。

5.7.2　基于反馈机制的广义实时弹性任务调度算法

5.7.2.1　算法描述

考虑到任务截止期的限制，本章主要研究任务截止期不大于任务周期的弹性任务调度算法研究中较推崇的广义弹性任务调度 GESA 算法。在 GESA 算法基础上，动态反馈并估计任务执行时间来指导 GESA 算法进行调度。基于反馈机制的 GESA 算法叫 F-GESA 算法（Feedback General Elastic Scheduling Algorithm，F-GESA）。

该算法基本思想为：根据动态反馈估计任务执行时间，结合系统外部负载变化，计算任务集合当前负载，如果当前负载不满足可调度条件，则调用 GESA 算法进行周期调整；如果当前负载满足可调度条件，则此任务集合不需要调整周期，继续执行。算法伪代码描述如下：

Algorithm 5.4　F-GESA（Γ）

1.　**Begin**
2.　**While**（有任务在执行）
3.　　**For Each**（$\Gamma_i \in \Gamma$）
4.　　　更新任务的估计时间并预测任务负载情况
5.　　　更新当前由于其他外部或者内部原因引起的负载变化
6.　　**End For**
7.　　**For Each**（$\Gamma_i \in \Gamma$）
8.　　　根据 5.1 式判断当前负载情况是否存在可行解
9.　　　如果存在继续，不存在则结束
10.　　**End For**

续表

11.	计算当前 L 值及 5.2 式参数
12.	**IF**（不满足式 5.2 可调度条件或者处于轻负载状态）
13.	$GESA$（Γ，θ，max$Iter$，best$ObjF$）；//Algorithm 5.2
14.	**End If**
15.	**End While**
16.	**End**

5.7.2.2 算法分析

F-GESA 算法是针对任务截止期不大于任务周期的广义弹性任务调度算法加入反馈机制进行改进后的算法。该算法与 F-IESA 算法一样，采用了反馈机制并以最小化任务资源利用率的变化方差为控制性能参数，同样可以灵活处理系统中的负载变化以及合理利用系统资源，并在一定程度上放宽了系统可调度条件的约束，提高任务调度成功率。

F-GESA 算法的时间复杂度分析如下：如果任务集合不存在可行解，则直接返回，此时时间复杂度为 $O(N)$。如果存在可行解，则进行迭代求解，此时所得结果是最优解，仅需要求 N 个任务的解，每个任务的解最多需要 $O(N)$ 时间，时间复杂度为 $O(N^2)$。由之前分析可知，此时最多迭代 max$Iter$ 次，每次迭代中算法的时间复杂度为 $O(N^2)$，则此时的时间复杂度为 $O(\text{max}Iter \cdot N^2)$。因此，GESA 算法的时间复杂度为 $O(\text{max}Iter \cdot N^2)$，在 GESA 算法的基础上，反馈机制时间复杂度为 $O(N)$，并不影响 F-GESA 算法的时间复杂度，因此 F-GESA 算法时间复杂度为 $O(\text{max}Iter \cdot N^2)$，为线性时间，能够基本满足在线调度的要求。

5.8 算法验证及结果分析

5.8.1 验证方法

为了验证本章中基于反馈机制的实时弹性任务调度算法性能。本章通过在 Visual C++6.0 平台上仿真实现本章所提算法及其经典对比算法，进行了一系列的仿真实验。仿真实验环境如表 5.6 所示。

表 5.6 仿真实验环境

处理器类型	Intel Pentium Dual-Core 3. 19 GHz
RAM	2 GB
操作系统	Windows 7
仿真开发环境	Visual C++6. 0、C/C++

本章算法的验证及性能分析分为两部分，第一部分是任务集实例的验证，通过特定测试任务集合对本章中基于资源预留的基本周期调整算法进行验证。广义实时弹性任务特定测试集合参数如表 5.7 所示，该测试任务集用来对系统吞吐量进行性能测试。第二部分是本章所提算法的调度性能对比分析，采用文献［37］的方法随机生成一系列弹性任务测试集合，该任务生成算法为经典算法 GESA 算法所采用，具有一定的代表性和可比性。由此生成随机实时弹性任务集合对本章所提算法与其他经典弹性调度算法进行对比分析。

表 5.7 广义实时弹性任务参数表

Task	C	D	T_{min}	T	T_{max}	e
1	20	30	30	200	500	1
2	20	60	60	100	500	1
3	20	90	90	100	500	1. 5
4	20	100	100	100	500	2

本章采用随机弹性任务集合进行测试，测试方法为：每次实验参照文献［37］随机实时弹性任务生成方法随机生成 100 个实时弹性任务集合，实时弹性任务集合的实际任务执行时间由随机数仿真，采用本章所提算法及对比经典算法对随机任务集合进行调度分析。采用多次实验的方式，以避免某次实验的偶然性，增加算法性能对比的公平性。基本实时弹性任务调度算法中每个弹性任务集合中由 4 个可调弹性任务以及 1 个硬实时任务组成，广义实时弹性任务调度算法中每个任务集合由 4 个实时弹性任务组成。

随机实时弹性任务集合的生成方法为：假定随机弹性任务的最大周期为 500 时间单元，每个任务资源利用率不超过总资源利用率的一半。其生成步骤如下：

（1）首先随机生成任务周期，其值是 $[20, 500]$ 随机值。

（2）根据任务周期，随机生成任务最坏执行时间，保证假设条件中任务利用率不超过系统利用率的一半。

（3）根据任务执行时间生成任务截止期，由于广义弹性任务需要满足条件：任务截止期大于任务最坏执行时间并小于等于任务周期。因此，可调弹性任务截止期在其任务最坏执行时间和任务周期区间随机生成。基本弹性任务集合中任务截止期等于任务周期，直接根据任务周期生成。同时基本弹性任务中，硬实时任务截止期等于任务周期。

（4）任务另一个参数为任务的最小周期，根据任务截止期生成任务最小周期，广义弹性任务调度算法针对任务截止期不大于任务周期的情形，因此，其最小周期应该在任务截止期和当前任务周期区间随机生成。基本弹性任务的最小周期满足大于任务最坏执行时间并小于任务周期条件，在此区间随机生成，其中硬实时任务的最小周期等于任务周期。

（5）弹性任务一个重要参数是任务的弹性系数。本章中假定弹性任务的弹性系数是 $[1, 5]$ 的随机值，硬实时任务的弹性系数为 0。

（6）按照此方法，对广义实时弹性任务调度算法生成由 4 个弹性任务组成的任务集合，对基本实时弹性任务调度算法还需生成另一个硬实时任务，并将其按照其任务截止期的非降序进行排列。

5.8.2　算法评价指标

实时弹性任务调度算法通常考虑任务调度成功率、系统资源利用率以及算法时间复杂度等性能指标。本章分别采用这 3 种性能指标进行评价分析本章所提算法的调度效果及其算法本身复杂性。

其中，算法时间复杂性已经在本章中进行了分析，这里主要对算法调度效果进行分析评价，侧重点在任务调度成功率对比分析，系统资源利用率的对比本章转化为系统吞吐量的比较。系统吞吐量指的是一定时间内系统所能处理的数据或者完成的任务实例个数。系统资源利用率越高，任务执行个数越多，则系统吞吐量越高。

5.8.3　实验结果与分析

5.8.3.1　调度成功率仿真结果及分析

针对任务截止期等于任务周期的情形，本章所提算法与经典 ECA 算法进行对比分析，分别进行 5 组仿真实验来统计 100 个实时弹性任务集合的调度成功率，统计结果如表 5.8 所示。

表 5.8　ECA 与 F-IESA 调度成功率比较

	ECA	F-IESA								
		$k=1$	$k=0.9$	$k=0.8$	$k=0.7$	$k=0.6$	$k=0.5$	$k=0.4$	$k=0.3$	$k=0.2$	$k=0.1$
1	0.86	0.9	0.93	0.9	0.92	0.93	0.93	0.97	0.95	0.95	0.96
2	0.88	0.9	0.92	0.92	0.92	0.92	0.93	0.95	0.95	0.95	0.94
3	0.83	0.9	0.9	0.9	0.92	0.93	0.91	0.92	0.95	0.93	0.97
4	0.85	0.87	0.93	0.94	0.96	0.95	0.95	0.96	0.98	0.98	0.97
5	0.91	0.93	0.93	0.94	0.94	0.95	0.95	0.95	0.95	0.95	0.98

　　表 5.8 是本章算法 F-IESA 和经典调度算法 ECA 算法的 5 次实验调度成功率数据。从表中可以看出，F-IESA 算法调度成功率均高于 ECA 算法，最大可达 14%，最低也有 2%的差距。其原因在于 ECA 算法采用最坏任务执行时间进行调度，F-IESA 算法动态估计任务执行时间有效降低了系统负载，从而提高了任务调度成功率。k 取值 0.1、0.3、0.6、0.8、1 时算法调度成功率对比如图 5.3 所示。

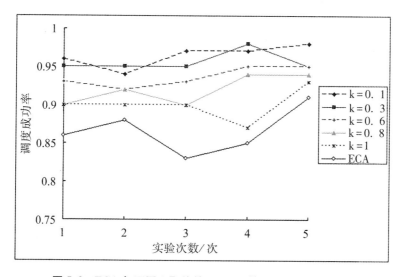

图 5.3　ECA 与不同 k 取值的 F-IESA 算法调度成功率比较

　　如图 5.3 所示，F-IESA 算法较经典 ECA 算法调度成功率有较明显的提高，而且随 k 值变化而变化，k 值越小，调度成功率提高越多。当 k 值越小，任务执行时间与任务最坏执行时间相差越大，此时任务占用资源降低越多，从而调度成功率提高越多。

由此表明，本章对任务截止期等于任务周期的基本实时弹性任务调度算法改进后的 F-IESA 算法较经典 ECA 算法任务调度成功率有较大提高，而且 k 值越小，调度成功率提高越多。

表 5.9 是针对任务截止期不大于任务周期的广义弹性任务调度算法进行的仿真实验数据，本章改进算法 F-GESA 与 GESA 算法 5 次实验的调度成功率数据，图 5.4 是 5 组实验数据当 k 取值 0.1、0.3、0.6、0.8、0.9 时本章所提算法与 GESA 算法调度成功率对比曲线图。

表 5.9 GESA 与 F-GESA 调度成功率比较

| | GESA | F-GESA | | | | | | | | |
	$k=1$	$k=0.9$	$k=0.8$	$k=0.7$	$k=0.6$	$k=0.5$	$k=0.4$	$k=0.3$	$k=0.2$	$k=0.1$
1	0.36	0.36	0.39	0.47	0.51	0.55	0.61	0.66	0.72	0.75	0.79
2	0.45	0.45	0.47	0.47	0.5	0.52	0.54	0.6	0.63	0.65	0.66
3	0.41	0.41	0.42	0.45	0.49	0.54	0.59	0.61	0.7	0.78	0.81
4	0.37	0.37	0.43	0.47	0.49	0.5	0.55	0.6	0.62	0.65	0.71
5	0.35	0.35	0.36	0.39	0.46	0.48	0.51	0.53	0.61	0.63	0.64

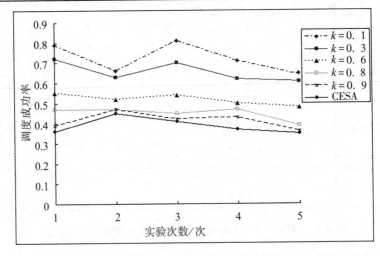

图 5.4 GESA 与不同 k 取值的 F-GESA 调度成功率比较

从表 5.9 中可以看出，本章基于反馈的 F-GESA 调度成功率较对比 GESA 算法有较大提高，最高可达 43%。当 $k=1$ 时，F-GESA 与 GESA 算法调度成功率一致，因为当 $k=1$ 时，F-GESA 算法任务估计执行时间与 GESA 算法一样，是任务最坏执行时间。从图 5.4 中发现，不论 k 取何值，调度成功率均有提高，k 值越小，调度成功率越高。另外，注意到 F-GESA 算法提高的调度成功率幅度较前一组实验要大，原因在于 GESA 算法对任务执行时间的高度敏感性，任务执行时间较大程度上影响了系统的可调度性。本章改进后的算法放宽了弹性任务集合可调度性的约束条件，提高了调度成功率。

5.8.3.2　系统吞吐量仿真结果及分析

针对任务截止期等于任务周期的 ECA 算法和 F-IESA 算法，本章采用如表 5.1 所示的特定任务集合进行仿真，针对不同 k 取值，对两种算法在每 1000 时间单元内的系统吞吐量进行比较，实验数据如图 5.5 所示。

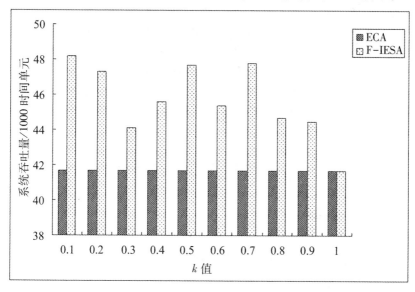

图 5.5　ECA 和 F-IESA 系统吞吐量比较

从图 5.5 可以看出，ECA 算法以及 $k=1$ 时的 F-IESA 算法，在 1000 个时间单元内的系统吞吐量基本一致，因为其均采用最坏任务执行时间进行调度。F-IESA 算法除 $k=1$ 情况外，系统吞吐量普遍高于 ECA 算法。原因在于任务执行时间可变减少了对系统资源的浪费，使系统资源得到更充分合理利用，从而提高了系统吞吐量。

  针对任务截止期不大于任务周期的 GESA、F-GESA 算法，本章采用如表 5.7 所示的特定任务集合进行仿真实验，两种算法在每 1000 时间单元的系统吞吐量数据如图 5.6 所示。从图 5.6 中可以看出，F-GESA 与 GESA 的吞吐量差别不大，有较小幅度的提高，原因在于 F-GESA 算法采用启发式周期调整算法，求解为近似最优解，而且其任务周期解集合会根据任务参数的变化而不同，因此，F-GESA 算法在提高系统吞吐量时效果并不明显。

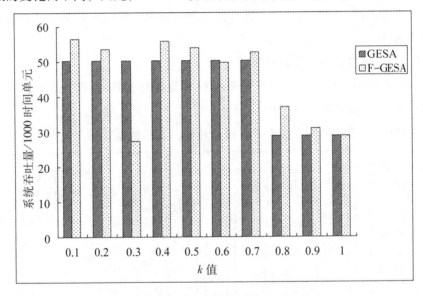

图 5.6　GESA 与 F-GESA 系统吞吐量比较

5.9　本章小结

  本章主要研究了一种基于反馈机制的实时弹性任务调度方法，该方法在实时弹性任务调度算法的基础上，利用反馈机制，采用动态估计的任务执行时间代替最坏执行时间对任务负载进行估计，实时地了解系统中负载情况，以提高系统调度成功率，合理利用系统中的有限资源。

  针对两种类型的弹性任务调度算法，一种是任务截止期等于任务周期的近实时弹性任务调度算法，另一种是任务截止期不大于任务周期的广义实时弹性任务调度算法。该调度方法分为两种情况进行研究分析，分别对

IESA、GESA 算法进行改进。本章对改进后的 F-IESA、F-GESA 算法分别进行了描述，对两种算法的性能及时间复杂度进行了分析，最后通过实验验证了所提算法的有效性。

第六章　基于反馈的过载避免动态实时调度算法

实时系统在工业、金融、军事等多个领域起着重要的作用。但实时系统通常对环境需求比较苛刻，对系统要求也很高。如果能够时刻监测系统的资源利用率，在系统所有任务的利用率之和大于系统所能提供的利用率之前做出决策，而不是在发生截止期不满足时才对任务进行控制对系统是更有益的。基于此原理，本章利用回归模型和非精确计算，对每个任务进行跟踪，并在系统瞬时利用率大于系统最大利用率时提前进行调整，实现一种提前预防系统过载的策略，避免过载现象的发生。实验表明系统负载存在突发的情况下，策略既很好地保证了任务的实时性，又增强了系统的适应能力。

6.1　任务模型

本章采用非精确计算任务模型，该模型是一个周期实时任务集 $S = \{T_1, T_2, \cdots, T_i, \cdots, T_n\}$，$i \in \{1, 2, \cdots, n\}$任务集中各个任务互相独立。每个任务由多个作业组成，任务 T_i 的第 j 个作业表示为 T_i^j。每个任务都包含以下属性：

- P_i：任务 T_i 的周期。
- v_i：任务 T_i 的服务质量级别总个数。
- l_i：系统分配给任务 T_i 的当前服务质量等级。
- QoS_SET_i：任务 T_i 的服务质量等级集合。

  任务 T_i 的第 j 个作业 T_i^j 又包含以下属性：

- R_i^j：作业 T_i^j 的释放时间。

- D_i^j：作业 T_i^j 的相对截止期并且 $D_i^j = P_i$。
- EE_i^j：作业 T_i^j 的估计执行时间。
- AE_i^j：作业 T_i^j 的实际执行时间，在每个任务完成之前执行时间是未知的，只有在每个任务完成之后才能得到任务真实的执行时间。
- A_i^j：作业 T_i^j 的估计 CPU 利用率，且 $A_i^j = EE_i^j / P_i$。
- U_i^j：作业 T_i^j 的实际 CPU 利用率，且 $U_i^j = AE_i^j / P_i$。
- c_i^j：作业 T_i^j 运行在等级 j 上对该任务的贡献率。

每个任务有多个逻辑版本，每个逻辑版本包括任务执行时间和重要性值，同一任务的不同逻辑版本具有不同的运行时间和重要性值。重要性值表示如果任务以某个逻辑版本运行，在截止期前完成任务可以获得的收益值，如果任务发生截止期错过，任务获得的收益值为 0。任务的每一个逻辑版本都代表了任务的一个服务等级。

在本模型中，假设任务的相对截止期都等于其周期，于是作业的绝对截止期就是同一个任务中的下一个作业的释放时间，实际的实时系统一般都符合这个假设。

6.2　调度算法原理及证明

6.2.1　调度策略

本章基于反馈机制与非精确计算提出了一种系统过载提前预防的调度策略，该策略由一个反馈控制环和一个基本调度器构成。反馈控制环对每个任务进行跟踪，当由于内部或者外部原因导致任务利用率之和大于系统最大利用率时，对负载变化的任务提前做出处理。通过调整任务属性，使其满足基本调度器的可调度条件，给用户提供一个非精确但适度的可以接受的结果，从而避免 DM（Deadline Miss）现象的发生。当每个任务完成时，反馈控制环将会按照图 6.1 所示的工作流程对任务进行处理。基本调度器一般采用经典的实时调度算法，如 EDF（Early Deadline First）、RM（Rate Monotonic）等，主要是根据任务的属性，确定任务的优先级并依次调度，本章采用基于动态任务模型的 EDF 调度算法。

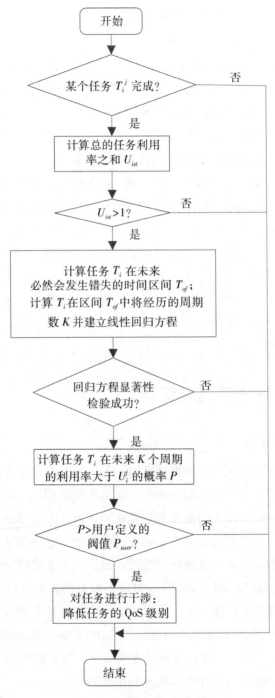

图 6.1　反馈控制环工作流程

6.2.2　理论分析

系统瞬时利用率 U_{ist} 表示此时刻所有任务的利用率之和。在每个作业完成以后，瞬时利用率都会发生变化。瞬时利用率的更新方程如式（6.1）所示。

$$U_{ist}(n+1) = U_{ist}(n) + U_i(j) - U_i(j-1) \qquad (6.1)$$

在每个任务完成以后，可以知道此周期任务的执行时间以及任务在此周期的利用率，利用任务新的利用率更新系统瞬时利用率。如果由于利用率增加引起系统瞬时利用率 U_{ist} 大于系统的最大利用率 1，就立即采取措施提前预防 DM。

在实际应用中任务各个周期的利用率往往是变化的。当某个任务利用率增加导致瞬时利用率大于系统最大利用率即 1 时，并不会立即发生过载，而是在将来的一个时间段里发生。

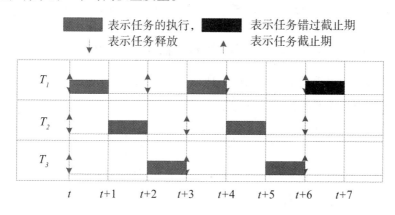

图 6.2　当 $U_{ist}>1$ 后发生 DM 的必然性

如图 6.2 所示，假设在 t 时刻系统没有发生 DM，任务 T_2、T_3 的利用率均为 1/3，任务 T_1 的利用率增加到 1/2。在 $t+2$ 时刻任务 T_1 在 t 时刻释放的作业完成，由于任务 T_1 的作业周期减小了 1 单位时间（也可以是执行时间增加了 1 单位时间），此时瞬时利用率变为 1/2+1/3+1/3>1。但此时系统并没有立即发生截止期错失，而是在时刻 $t+2$ 后的第二个周期 $t+6$ 时刻才发生截止期错失。

定理 6.1　如果某时刻检测到系统瞬时利用率 $U_{ist}>1$ 且系统中所有任务的利用率在后续的周期内不减少，那么必然会发生 DM，从检测到瞬时

利用率 $U_{ist}>1$ 的时刻到最迟发生 DM 的时间长度 T_{of} 满足：

$$T_{of}<\left\lfloor\frac{T_{of}}{T_1}\right\rfloor\times T_1\times U_1+\cdots+\left\lfloor\frac{T_{of}}{T_i}\right\rfloor\times T_i\times U_i+\cdots+\left\lfloor\frac{T_{of}}{T_n}\right\rfloor\times T_n\times U_n \tag{6.2}$$

证明：文献［38］在假设所有任务都在同一个时间点释放的前提下证明了此定理，因此可在此基础上加以证明。

（1）必然性。假设 $U_{ist}>1$ 时不会发生 DM，因为初始时所有任务都有相同的释放时间，并且在 $P(T_1)\times\cdots\times P(T_i)\times\cdots\times P(T_n)$ 长度的时间之内，所有任务必有一个相同的释放时间（图 6.2 中的 $t+6$ 时刻），此时条件和文献［38］中一样。文献［38］中证明了瞬时利用率大于 1 时，系统必将发生 DM，这和前面的假设发生矛盾，因此瞬时利用率 $U_{ist}>1$ 之后必将发生 DM。

（2）确定性。文献［38］中证明了在采用 EDF 调度算法时，发生 DM 之前处理器不会有空闲的时间。因此，从 $U_{ist}>1$ 时刻到发生 DM 的时刻处理器都是忙碌的，这段时间内系统所提供的处理能力是 T_{of} 单位。在这个时间段长度内，各个任务完成的周期次数是 $\left\lfloor\frac{T_{of}}{T_i}\right\rfloor$，$i=1\cdots n$。因为已经假设各个任务的利用率都是不会减少的，所以可以得知在 T_{of} 长度的时间内，系统中各个任务所需要的执行总时间不小于

$$\left\lfloor\frac{T_{of}}{T_1}\right\rfloor\times T_1\times U_1+\cdots+\left\lfloor\frac{T_{of}}{T_i}\right\rfloor\times T_i\times U_i+\cdots+\left\lfloor\frac{T_{of}}{T_n}\right\rfloor\times T_n\times U_n。$$

因此，最迟发生 DM 时，系统所提供的处理能力不能满足任务所需要的处理能力，T_{of} 必然满足：

$$T_{of}<\left\lfloor\frac{T_{of}}{T_1}\right\rfloor\times T_1\times U_1+\cdots+\left\lfloor\frac{T_{of}}{T_i}\right\rfloor\times T_i\times U_i+\cdots+\left\lfloor\frac{T_{of}}{T_n}\right\rfloor\times T_n\times U_n,$$

因此，最迟发生 DM 的时间是在检测到系统瞬时利用率大于 1 后的 T_{of} 时间。在这个时间段长度内，各个任务所经历的周期数是 $\left\lfloor\frac{T_{of}}{T_i}\right\rfloor$，$i=1\cdots n$。如果某个任务 T_i 的作业 T_i^j 在完成以后，检测到瞬时利用率大于 1，任务在以后 $\left\lfloor\frac{T_{of}}{T_i}\right\rfloor$ 个周期内保持或增加利用率，其他的任务利用率不变，则必定发生 DM。

6.3 算法表述

本节详细地描写了本章的算法，并对算法中两个重要环节进行了分析说明，即分别是回归模型的建立原理以及对任务未来利用率的预测方法。这两个重要环节也是本章算法创新点的重要组成部分。

6.3.1 形式化算法描述

形式化算法伪代码描述如下：

Algorithm 6.1　基于反馈的过载避免算法

Begin

    $U_{ist} \leftarrow 0$

    $n \leftarrow 0$

    $P_{user} \leftarrow x$ //阀值 P_{user} 由用户定义

    While（还有任务在运行）**Do**

      If（某个任务 T_i^j 完成）**Do**

    $U_{ist}(n+1) = U_{ist}(n) + U_i(j) - U_i(j-1)$；//更新系统利用率

      If（$U_{ist}(n+1) > 1$）**Do**

        计算系统最迟发生截止期错过的时间 T_{of}；

        计算任务 T_i^j 预计最迟发生截止期错过的周期数 K；

        根据任务 T_i^j 已知的周期和利用率的关系建立回归方程；

        If（回归方程通过显著性检验）**Do**

          计算任务 T_i^j 在 K 个周期的利用率大于 $U_i(j)$ 的概率 P；

          If（$P > P_{user}$）**Do**

            降低任务的服务质量级别；//对任务进行干涉

          Else

            不干涉任务的执行；

          End If

        End If

      End If

      End If

    End While

End

上述代码是本章算法的伪代码形式，也是反馈控制环的形式化描述，与图 6.1 的流程图相对应。其重点是回归模型的建立原理以及对任务未来

利用率的预测方法，下面将分别进行介绍。

6.3.2 建立回归模型

在实际应用当中，很多任务的各个周期的利用率变化是在某个干扰下整体服从某个分布的。因此，已经完成的任务利用率可以对任务未来周期的利用率进行预测，越近的周期预测的准确性越高。但并不总是需要对未来进行预测，只有在某时刻系统瞬时利用率大于1时才有必要对未来周期任务的利用率进行预测。在理论和工程中，回归模型是对未来进行预测的一个很好的模型。进行预测之前已知的利用率可以帮助建立回归模型，使用得出的回归模型就可以对任务未来 K 个周期的利用率进行预测。

假设系统瞬时利用率大于1时已知的利用率为 $U(1)\cdots U(j)$，以周期和利用率作为样本的观察值，可以得到 $(1,\ U(1))$，$(2,\ U(2))$，$\cdots$，$(j,\ U(j))$ 观察值，利用这 j 对观察值来建立回归模型。回归模型可以是线性方程，也可以是多项式方程或指数方程等非线性方程，可以由实际的经验确定。实际上，非线性方程可以转化为线性方程，并不影响对回归效果的显著性检验。本章以线性方程为例建立回归模型。

以任务的周期为自变量 x，利用率 U 为因变量 y 建立回归模型：

$$y = \alpha + \beta x + \varepsilon \tag{6.3}$$

假定随机误差 $\varepsilon \backsim N(0,\ \sigma^2)$，以随机误差平方和最小估计量作为回归系数的最小二乘估计，即：$Q = \sum_{i=1}^{j} \varepsilon_i^2 = \sum_{i=1}^{j} (y_i - \hat{y}_i)^2$，其中 y_i 表示观察值，$\hat{y}_i$ 表示通过回归方程式（6.3）除去误差项得出实际值。可以计算得出：

$$L_{yy} = \sum (y_i - \bar{y})^2 = \sum y_i^2 - n\,\bar{y}^2$$

$$L_{xx} = \sum (x_i - \bar{x})^2 = \sum x_i^2 - n\,\bar{x}^2$$

$$L_{xy} = \sum (x_i - \bar{x})(y_i - \bar{y}) = \sum x_i y_i - n\,\bar{x}\,\bar{y} \tag{6.4}$$

$$\beta = \frac{L_{xy}}{L_{xx}}, \quad \alpha = \bar{y} - \beta\,\bar{x}$$

因此，可以得出回归方程 $y = \alpha + \beta x$。

对于回归模型的显著性检验可以用 t 检验法，F 检验法和相关系数检验法（r 检验法），本章采用在实际中使用较多的相关系数检验法。设 x 与 y 的

观测值的相关数 $r = \dfrac{L_{xy}}{\sqrt{L_{xx}L_{yy}}}$，由于 $\dfrac{r^2}{(1-r^2)\;/\;(n-2)} \sim F(1,\ n-2)$，因此当时 $|r| > r_\alpha(n-2)$ 时，认为相关性显著，$|r| < r_\alpha(n-2)$ 时，认为相关性不显著。

6.3.3　未来利用率预测

在建立回归方程以后，需要对未来 K 个周期的任务利用率进行预测。如果确定未来 K 个周期的利用率属于区间 $(U_i(j),\ +\infty)$ 的概率大于用户定义的阈值 P_{user}，则需要对任务进行控制。未来 K 个周期的任务利用率大于预测点时刻 j 的利用率的概率可以表示为：

$$P = P(\,U_i(j+1) > U_i(j)\,,\ \cdots,\ U_i(j+k) > U_i(j)\,)$$

假设任务各个周期的利用率不相关，则可以得出：

$$\begin{aligned} P &= P(\,U_i(j+1) > U_i(j)\,)\cdots P(\,U_i(j+k) > U_i(j)\,) \\ &= \prod_t^k P(\,U_i(j+t) > U_i(j)\,) \end{aligned} \tag{6.5}$$

假设

$$Z_t = \dfrac{Y_t - \hat{Y}_t}{\sqrt{1 + \dfrac{1}{n} + \dfrac{(x_t - \overline{x})^2}{L_{xx}}}\,\sqrt{\dfrac{Q}{n-2}}}$$

可以证明，Z_t 服从 t 分布，即 $Z_t \sim t(n-2)$，其中 x_t 是预测点，$\hat{Y}_t$ 是回归方程的预测值，Y_t 是预测点的真实值。因此：

$$P(\,U_i(j+t) > U_i(j)\,) = P(Z > Z_j) \tag{6.6}$$

其中

$$Z_j = \dfrac{U_i(j) - \hat{Y}_t}{\sqrt{1 + \dfrac{1}{n} + \dfrac{(x_t - \overline{x})^2}{L_{xx}}}\,\sqrt{\dfrac{Q}{n-2}}}$$

由 t 分布可以求出（6.3）式的置信度 α_t，$P(\,U_i(j+t) > U_i(j)\,) = \alpha_t$。因此，未来 K 个周期利用率都大于 $U_i(j)$ 概率为：

$$P = P(\,U_i(j+1) > U_i(j)\,,\ \cdots,\ U_i(j+k) > U_i(j)\,) = \alpha_1 \times \cdots \times \alpha_t \tag{6.7}$$

如果 P 大于用户定义的概率 P_{user}，则系统需要对任务进行控制，例如本章降低任务的服务质量级别等。实际上，如果 $P_{user} = 1$，则预测系统永远不提前对任务进行控制，此时预测系统不起作用，只有在发生截止期错过时才对任务进行控制。如果 P_{user} 比较小，即用户认为发生截止期错过的代价比较大，需要预测系统提高警惕。如果 P_{user} 比较大，即用户认为发生截止期错过的代价不大，只需要一般的警惕程度就可以了。

6.4　算法分析

算法性能的好坏直接决定着算法的质量优劣，对算法进行性能分析是非常必要的一个环节。本节对本章算法进行了系统全面的分析，并对算法中涉及的一些属性和阈值进行了归纳总结。

6.4.1　瞬时利用率和预测 DM 周期数的关系

如果瞬时利用率稍微大于 1 时，定理 1 得出的 T_{of} 会比较大，因此预测发生 DM 的周期数比较多，此时不需要立即对任务进行调节；而如果瞬时利用率比 1 大得多，定理 6.1 得出的 T_{of} 会比较小，因此发生 DM 的周期数比较少，预示着很快就发生 DM。图 6.3 是通过实验得出的图 6.2 情况下的 t 时刻系统瞬时利用率和发生 DM 时刻的关系图。从图中可以看出，当 t 时刻的系统瞬时利用率大约在（1，1.2）时，会在将来第 6 个周期内发生过载；而当 t 时

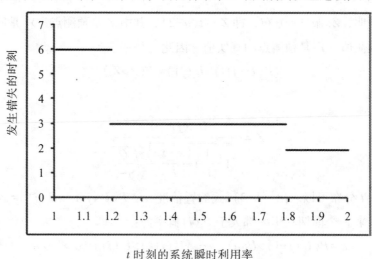

图 6.3　瞬时利用率和发生 DM 时刻的关系

刻的系统瞬时利用率大约在（1.8，2）时，会在将来第 2 个周期内发生过载。

6.4.2 最迟发生 DM 的周期数 K 对系统预测的影响

如果最迟发生 DM 的周期数较小，说明如果不对任务进行调节，任务很有可能很快发生 DM。反之，如果最迟发生 DM 的周期数比较大，说明可以不必要立即对任务进行调节。由式（6.7）可知 K 越大，P 越小，P 越不容易大于 P_{user}，因此不对任务进行控制的可能性较大；而 K 越小，P 越大，P 越容易大于 P_{user}，因此需要对任务进行控制的可能性较大。

6.4.3 任务的隔离性

由于每个作业在完成之后都需要更新系统瞬时利用率，因此当某个任务的利用率发生变化引起系统瞬时利用率大于 1 时，其他利用率没有变化或变化比较小的任务也将建立回归模型。此时如果对此类任务进行调整将是没有必要的，因为对于利用率没有变化或变化比较小的任务，$P(U_i(j+t) > U_i(j)) = \alpha_t$ 也将很小，跟利用率变化大的任务相比计算得出的 P 值也较小，P 很有可能小于 P_{user}。因此，相对于利用率变化大的任务，对于利用率没有变化或变化比较小的任务不需要进行控制。

6.5 性能评测

本节针对本章所设计实现的基于反馈的过载避免动态实时调度算法，通过一系列的实验对它的实际效果进行测试和验证，并对所获得的实验数据进行统计分析，以进一步了解各种情况下的实时调度效果。

本章的实验部分是通过 VC6.0 平台仿真实现上述任务调度算法，通过随机生成测试任务集合来对本章中的调度算法性能进行测试。为了验证本章算法预防任务临时过载的有效性，实验从系统利用率 U_a 和系统错失率 M_a 两个指标与文献［39］的 FC-EDF 算法进行比较。

实验仿真一个不可预测的负载环境来对两个算法进行比较。在系统开始运行的 100 s，150 s，200 s，250 s，300 s，350 s 分别随机产生一个阶跃负载 $SL(L_n, L_m)$ 来模拟干扰的发生，其中阶跃负载 $SL(L_n, L_m)$ 是一个执行时间从 0 到 $(L_m - L_n)$ 连续跳跃的阶跃信号。同时为了方便对比将系统最

大利用率 U_s 都设为90%。

其中实验的硬件运行环境配置如下：

- CPU：英特尔 Pentium（奔腾）双核 E6700 3.20 GHz

- 内存：2 GB（金士顿 DDR2 800 MHz）

- 主板：富士康 G31MXP（英特尔 P35/G33/G31/P31 Express-ICH7 Family）

- 外存：希捷 ST3500418AS（500 GB）

软件运行环境配置如下：

- 操作系统：Microsoft Windows XP Professional（32位/SP3/DirectX 9.0c）

- Development environment：VC++6.0，MFC

从图6.4中可看出，两个算法在达到稳定后都是在围绕 U_s 上下波动的，而且本章算法到达稳态的时间稍快一些。FC-EDF 算法在每个干扰发生时都会发生过载且调节是相对比较缓慢的。在本章算法中虽然每个干扰都会引起 U_a 的增高，但大都没有超过100%，即表明系统较好地预防了过载的发生。在250 s 后发生的过载，主要是因为干扰过大，是所有任务的服务质量等级都调到最低也无法完成调度所导致的。

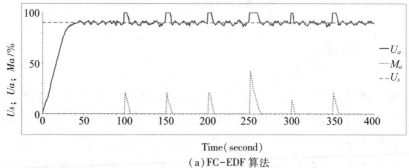

（a）FC-EDF 算法

（b）本章算法

图6.4　本章算法与 FC-EDF 的处理过载结果

6.6 本章小结

　　针对目前的实时调度算法主要研究的是过载发生后如何有效及时地制止，没有从根本上针对过载发生的必然性研究的情况，本章提出了一种基于反馈控制的过载避免调度策略，将数学领域中的回归模型应用到任务调度的反馈回路当中，对任务的利用率进行预测来避免过载情况的发生。该策略能较好地应用到一些负载未知或者过载的发生会产生较严重后果的动态实时系统中，可以提供确定性实时保证。通过模拟可以看出，当干扰较小时，此算法能很好地预测并避免过载的发生。如果系统受到较大干扰时此算法虽然可以预测到并做了相应的处理，但由于非精确计算模型的局限性也会发生过载。

第七章 基于关键任务分析的 DVS 调度算法

在前面章节的讨论中已得出结论，任务划分、任务调度及低功耗技术在求解异构多核低功耗调度问题中起着至关重要的作用，本章在前面的基础上，对低功耗调度问题进行研究，首先根据现有算法提供的思路，总结低功耗调度算法的整体框架并结合 DVS 技术提出一种基于关键任务分析的低功耗调度算法（Critical Task Analysis Low Power Scheduling Algorithm，CT-LPS），然后对算法中的调度及电压缩放策略进行分析。

7.1 低功耗调度算法框架

定义 7.1 低功耗任务调度是指在给定的处理单元构件配置下，根据指定的任务划分方案，结合低功耗技术以降低系统能耗为目标，确定任务执行顺序及任务执行过程中相应的处理器参数，如系统供电电压、处理器频率等。低功耗调度问题可形式化表述如下：

（1）设 N 个任务根据相关的调度算法在给定的任务划分方案下确定的执行顺序为 $S = \{i_0, i_1, \cdots, i_{N-1}\}$。

（2）通过（1）的操作，在确定了任务划分及调度的基础上，假设各任务节点最终选取的电压级别 $V = \{v_0, v_1, \cdots, v_{N-1}\}$。

（3）根据通用的能量模型可以求出在任务执行电压选择方案 V 下的功耗 $P = \{p_0, p_1, \cdots, p_{N-1}\}$ 以及执行时间 $T = \{t_0, t_1, \cdots, t_{N-1}\}$。

（4）经过上述步骤的处理后，系统的能耗 $E = \sum_{i=0}^{N-1} p_i \times t_i$。

低功耗任务调度的目标就是在最小化 E 的情况下，确定 S 和 V，即任务执行顺序和任务选择的执行电压。

通过上述分析及对现有算法的研究，本章结合动态电压缩放技术设计一种基于关键任务分析的低功耗调度算法，图 7.1 是算法的基本流程，由图 7.1 可以看出，结合低功耗技术的节能调度算法是一个迭代的寻优过程，算法在运行过程中不断地调整任务的电压级别，不同的电压级别下任务的能耗和执行延迟等属性也随之改变，每次迭代产生的调度顺序也不尽相同。下面结合图 7.1 介绍算法的相关步骤。

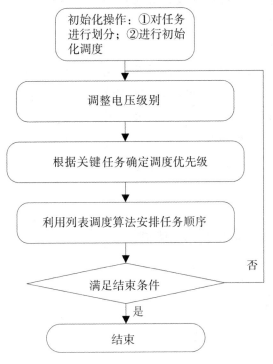

图 7.1　低功耗任务调度算法流程

（1）根据当前任务划分策略计算任务节点在各自的处理单元上以最高电压级别运行的执行延迟，确定每个节点最早可能开始时间和最迟可能开始时间，两者的差值越小，说明该节点越紧迫，以此为优先级对任务进行列表调度。

（2）分析（1）中的调度结果，如果有任务节点错过截止期，则可以断定此任务在该种任务划分方案下无论以何种电压级别运行均不可调度，返回相关信息以促使系统生成新的划分策略；否则，根据任务节点的实际完成时间采用电压调整算法为每个任务子节点生成新的电压级别。

（3）任务的执行电压改变使其相关的属性（如执行延迟、功耗等）也随之变化，进而各任务节点的最早可能开始时间和最迟可能开始时间需要重新计算，基于此的调度算法将会产生新的任务执行顺序。

（4）分析新的调度结果，如果任务满足截止期要求，则记录新的能耗信息，判断当前的调度顺序及任务选择的电压级别方案是否满足结束条件，如算法结果已经达到终止要求，则停止运行，否则转至（2）继续新一轮的迭代过程。

从上面的分析不难看出，在低功耗调度问题中，任务调度算法及低功耗技术的运用是解决该问题的核心所在。本节以下内容分为两部分，首先，针对步骤（1）和步骤（3）的操作，讨论任务图的关键任务的特点及其对调度算法的影响，利用列表调度算法安排任务的执行顺序，然后针对步骤（2）的电压调整操作设计一种基于 DVS 技术的随机电压缩放算法。

7.2 低功耗调度算法设计

本节首先根据 DAG 任务的特点，对基于关键任务分析的调度算法进行讨论，然后结合 DVS 技术设计一种电压选择算法。

7.2.1 基于关键任务的调度算法

定义 7.2　在 DAG 图中，从某一节点到达另一节点上的所有子任务及子任务间的边组成的集合称为两节点间的一条路径，集合中所有子任务的执行延迟与子任务间边的通信延迟的总和称为该路径的权值，而关键路径就是从入口结点到出口结点间所有路径中权值最大的路径。

例 7.1　如图 7.2 所示的任务图中，从入口节点 t_0 到出口节点 t_6 所有路径中，路径 $\langle t_0, t_2, t_4, t_6 \rangle$ 的权值为 64，是所有以 t_0 为始点 t_6 为终点的路径中权值最大者。因此，路径 $\langle t_0, t_2, t_4, t_6 \rangle$ 就是此 DAG 图的关键路径。

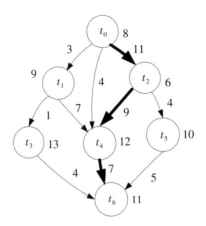

图 7.2　关键路径示意图

定义 7.3　在 DAG 图中处于关键路径上的任务节点称作关键任务，从入口节点开始执行到出口节点执行结束之间的时间段称作 DAG 图的调度长度。

定义 7.4　任务 τ 的最早可能开始时间是指该任务得到了所有必要数据并且其所有前驱任务执行完成后可以开始执行的最早时间，最早可能开始时间与任务的执行延迟时间的和就是此任务的最早可能完成时间。最晚可能开始时间是指在不错过任务截止期的前提下必须开始的最晚时间，最晚可能开始时间与任务执行延迟时间的和被称为最晚可能完成时间。

定理 7.1　DAG 图的调度长度取决于关键任务。

证明：显然，对于非关键任务 τ' 来说，提前其最早可能开始时间并不一定能使其前继节点的最晚可能完成时间提前，而移后其最晚可能完成时间也不一定保证能影响其后继节点的最早开始时间，所以对调度长度并不一定会产生影响；而对于关键任务 τ''，如果该节点是出口节点，那么减小其最早可能完成时间必定会使调度长度变短，如果不是出口节点，减小该节点的最早可能完成时间会为其后继节点减小最早可能开始时间创造条件，进而对最后的出口节点产生作用，调度长度也会随其改变。证毕。

定义 7.5　松弛时间是指任务的截止期与出口节点完成时间的差值。

例 7.2　如图 7.3 所示，异构多核系统有三个处理单元，DAG 图中有六个任务节点，忽略图中的通信开销。在该系统下进行任务调度，其中图（b）是图（a）中的一个调度实例，由图可以看出，在任务的截止期内完成，出口节点 t_5 的完成时间与截止期之间的 slack 就是该任务图的松弛时间。在实时系统下利用 DVS 技术降低功耗的本质就是充分利用松弛时间，延迟任务的执行时间至截止期，以减小某些任务的执行频率为代价降低系统功耗。

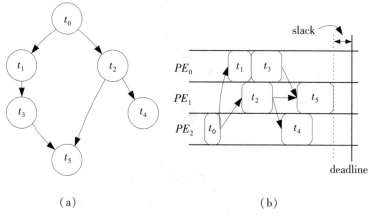

（a）　　　　　　　　　　　　（b）

图 7.3　松弛时间

通过前文的讨论可知，松弛时间的大小在一定程度上决定了系统功耗降低的潜力。由定理 7.1 可以看出，对关键任务的处理方式直接影响了 DAG 图中的调度长度，进而决定了任务执行过程中的松弛时间。基于上述事实，在某种给定的处理单元电压级别方案下基于关键路径任务分析的调度算法步骤如下：

（1）进行初始化：低功耗任务调度的目的在于满足任务截止期要求的前提下最大限度地降低系统的功耗，算法运行过程中需统计任务的调度长度以及任务的能耗，因此，首先将调度长度和系统能耗初始化为 0。同时，将没有划分在同一处理单元上的父子节点间的边看成是一个任务节点，该节点的延迟就是该边的通信延迟。

（2）确定任务的关键任务节点：①以 V 为入口节点，按拓扑顺序求 V 与出口节点间所有节点的最早可能开始时间；②以出口节点为起始，计算出口节点与 V 之间所有节点的最迟可能开始时间；③根据①和②求得的结果，计算最晚可能开始时间与最早可能开始时间的差值，差值越小则说明该任务对时效性要求越高。

（3）以节点最迟可能开始时间与最早可能开始时间的差值为优先级对任务进行列表调度，差值越小则优先级越高。同时，记录每一节点调度后任务的调度长度，根据任务节点选择的电压级别，计算节点的能量消耗。

（4）如果最终的调度长度错过了任务的截止期，则向系统返回此次任务调度失败的信息，否则返回任务的能耗值。

上述调度算法是针对某一特点的电压级别方案的运行情况，在不同的电压级别下，任务的属性也会随之变化。本节下面将讨论一种确定任务节点电压的策略。

7.2.2　电压选择策略

根据当前低功耗技术的原理可知，不同的电压对系统功耗会产生不同的影响，电压级别越低，系统的功耗也就越低。设计电压选择算法的目的在于为任务节点确定一种电压方案使其在满足截止期要求的前提下，以最低的电压运行，降低系统的整体功耗。

定义 7.6　降低任务的执行电压一方面延长了任务的执行时间，另一方面降低了任务的能量消耗。一般来说，假设电压降低后任务的调度长度增加了 Δt，能耗降低了 ΔE，则公式（7.1）中 ρ 称为任务的能量梯度，表示任务在调度长度增加的单位时间内能耗的降低水平。

$$\rho = \frac{\Delta E}{\Delta t} \tag{7.1}$$

定理 7.2　任务对系统能耗的影响取决于其能量梯度的大小。

证明：设一个 DAG 图中的两个任务为和 τ_0 和 τ_1，其能量梯度分别为 ρ_0 和 ρ_1，不失一般性，假设 $\rho_0 > \rho_1$，由定义 7.6 可知，当任务的调度长度增加同样一个值 Δt 时，调整 τ_0 的电压将比调整 τ_1 的电压节能更多的能耗，证毕。

由定义 7.6 和定义 7.2 可以看出，降低任务执行电压后调度长度增加得越小、能耗降低得越多，则任务节点对降低系统功耗的贡献就越大。确定任务的调度长度必须对任务进行一次完整的调度运算，而考虑 DAG 图的前后依赖关系，每计算一次能量梯度就对任务进行一次调度将会明显增加算法的时间复杂度。基于上述原因，本章提出的算法将对能耗大、执行延迟小的任务给予较高的降低电压的优先级，这种做法的依据在于降低能耗大、执行延迟小的任务的电压降低系统能耗的可能性较大而延长任务调度长度的可能性较小。电压调整算法的步骤如下：

（1）根据任务节点当前所处的电压级别计算任务的执行延迟及能耗，

确定每一任务节点提高和降低电压级别的概率。下列公式中，ΔE_i 和 $delay_i$ 分别表示任务 $\tau(i)$ 的执行延迟及降低电压后能耗降低的程度，$DecP(i)$ 和 $IncP(i)$ 表示任务 $\tau(i)$ 应该降低和提升电压级别的概率。

$$\lambda e(i) = \Delta E_i / \sum_{i=1}^{N} \Delta E_i \qquad (7.2)$$

$$\lambda t(i) = 1 - delay_i / \sum_{i=1}^{N} delay_i \qquad (7.3)$$

公式（7.2）和公式（7.3）中的 $\lambda e(i)$ 和 $\lambda t(i)$ 是任务 $\tau(i)$ 的能耗因子和延迟因子，两个因子决定了任务 $\tau(i)$ 调整电压级别的概率。

$$DecP(i) = (\lambda e(i) + \lambda t(i)) / \sum_{i=1}^{N} (\lambda e(i) + \lambda t(i)) \qquad (7.4)$$

$$IncP(i) = 1 - DecP(i) \qquad (7.5)$$

公式（7.4）和公式（7.5）分别是任务 $\tau(i)$ 降低和提升电压级别的概率。不难看出，任务降低电压后能耗减少得越多、任务执行延迟越小，则该任务以较低电压执行的概率也就越大。

（2）根据当前电压级别下任务的完成情况，调整任务的执行电压，如果任务出现错过截止期现象，则提升相关任务节点的执行电压以加快运行，如果仍有松弛时间，则根据任务的优先级继续缩放电压级别。

定义 7.7 任务 τ 的父代节点是指 τ 的直接前继节点，如公式（7.6）所示。

$$Parents\ (\tau) = \{\tau_i | (\tau_i,\ \tau) \in C\} \qquad (7.6)$$

其中 C 是任务的边集合。任务 τ 的祖先节点可以递归的定义如下：

$$Ancestor(\tau) = Parents(\tau) \cup (\bigcup_{s \in Parents(s)} Ancestor(s)) \qquad (7.7)$$

例 7.3　如图 7.4 所示，对于任务 t_3 来说，其父代节点为 t_1 和 t_2，其祖先节点为 t_1、t_2 和 t_0。

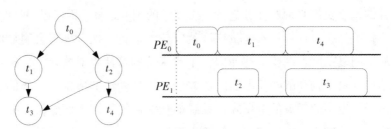

图 7.4　父代节点与祖先节点

如果任务完成时间超过截止期要求较多，则考虑提高该任务节点及其祖先节点的电压级别，否则只调整该节点及其父代节点即可。对于提前完成的任务节点，采取同样的方式降低电压级别。

7.3　实验验证

7.3.1　实验平台系统

本章设计了一个基于异构多核低功耗任务调度的模拟仿真系统对算法进行评估。仿真系统的构建平台如下：

硬件配置：

- CPU：（英特尔）Intel（R）Pentium（R）4 CPU 3.00 GHz（2992 MHz）。
- Memory：2.00 GB（威刚 PC2-5300 DDR2 SDRAM 667 MHz）。

软件环境：

- Operating System：Microsoft Windows XP Professional。
- Development Environment：VC++6.0、TGFF、GAlib、MFC。

该系统主要由参数生成模块、算法处理模块、数据分析模块三部分组成，如图 7.5 所示。

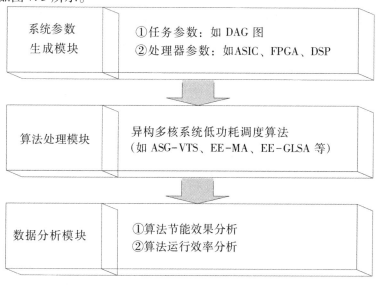

图 7.5　实验仿真系统

1. 参数生成模块

近年来,针对异构多核系统任务调度相关算法的研究逐渐引起了人们的关注,越来越多的仿真评估技术被提出,其中,TGFF(Task Graphs for Free)成为生成异构多核任务调度问题相关参数的事实标准。

例 7.4 TGFF 允许用户通过在一个配置文件中设置相关参数来控制生成的任务、通信总线以及处理单元的属性,表 7.1 给出了利用 TGFF 生成任务图的一些重要配置参数。

表 7.1 TGFF 生成任务配置参数

Parameters	Example	Comment
tg_cnt	1	设置生成任务图的数目为 1
task_cnt	10 2	设置任务图中子任务的数目(10-2,10+2)
trans_type_cnt	10	设置子任务节点间边的类型为 10 种
task_type_cnt	10	设置子任务的类型为 10 种
period_mul	1	控制任务图的周期
task_trans_time	38.0	此参数用于设置任务的截止期
task_degree	2 2	设置子任务的出度和入度分别为 2
tg_write	exa. tgff	输出 tgff 文件

按照表 7.1 中给定的实例参数生成的任务图将具备如下的属性:tg_cnt 为 1 表示只生成一个任务图;此任务图中子任务的个数将控制在 8~12,其中 10 为平均值,2 为以 10 为平均值的波动范围;任务图中子任务节点间边的类型有 10 种;子任务节点的类型有 10 种;子任务节点的最大出入度均为 2;将生成的任务图参数输出至文件 exa. tgff 中。表 7.2 是根据表 7.1 中的参数生成的 DAG 图信息。

表 7.2 exa. tgff 中任务信息

TASK_ GRAPH 0 (NAME) /152 (PERIOD)						
NODE			EDGE			
NAME	TYPE	SINK?	NAME	TYPE	FROM	TO
t0_0	4	N	a0_0	4	t0_0	t0_1
t0_1	9	N	a0_1	8	t0_1	t0_2

续表

TASK_ GRAPH 0（NAME）/152（PERIOD）						
NODE			EDGE			
NAME	TYPE	SINK?	NAME	TYPE	FROM	TO
t0_2	9	N	a0_2	6	t0_0	t0_3
t0_3	5	N	a0_3	9	t0_2	t0_4
t0_4	3	Y/152	a0_4	9	t0_3	t0_5
t0_5	6	Y/114	a0_5	9	t0_3	t0_6
t0_6	8	Y/114	a0_6	0	t0_1	t0_7
t0_7	5	Y/114	—	—	—	—

例 7.5 表 7.3 是利用 TGFF 生成通信总线及处理单元信息的一些重要配置参数。

表 7.3 TGFF 生成通信链路及处理单元配置参数

Parameters	Example	Comment
Communication link		
table_cnt	1	设置生成表的数目
table_label	COMMUN	设置表名为"COMMUN"
table_attrib	POWER 10　5	设置表的属性为"POWER"
type_attrib	exe_time 3　2	设置表的类型属性为"exe_time"
trans_write	—	输出通信链路表
table_cnt	2	设置生成表的数目
table_label	PE	设置表名为"PE"
table_attrib	POWER 100　30	设置表的属性为"POWER"
type_attrib	exe_time 10 5	设置表的类型属性为"exe_time"
pe_write	—	输出处理单元信息

按表 7.3 的配置参数将生成一个通信总线表信息及两个处理单元表信息，通信总线表名为 COMMUN 0，处理单元表为 PE 0 和 PE 1；两种表的属性均为"POWER"，表中类型的属性为"exe_time"，分别代表任务图中的节点在通信总线及处理单元上运行时的功耗及执行延迟。trans_write 和 pe_write 的意义是将生成的通信总线及处理单元表信息写入 exa. tgff 文件中。表 7.4 是根据表 7.3 中的参数生成的通信总线及处理单元信息。

表 7.4　exa. tgff 中通信总线及处理单元信息

COMMUN 0/6. 88068		PE 0/99. 2781		PE 1	
type	exe_time	type	exe_time	type	exe_time
0	2. 80753	0	11. 1827	0	6. 36179
1	3. 47307	1	7. 13996	1	5. 51737
2	1. 85598	2	10. 6704	2	5. 98231
3	3. 26817	3	12. 6292	3	5. 95966
4	4. 05166	4	6. 29294	4	6. 47376
5	1. 51717	5	11. 3803	5	7. 49728
6	3. 55211	6	5. 71725	6	9. 98092
7	1. 2869	7	11. 2257	7	6. 73724
8	3. 49029	8	11. 6628	8	12. 4357
9	3. 66512	9	9. 65294	9	5. 90998

　　图 7.6 是根据 exa. tgff 配置文件的参数生成的 DAG 图，从图中可以看出，每个任务节点及边都标有各自的类型，根据此类型可以索引至通信总线表"COMMUN 0"及处理单元表"PE 0"和"PE 1"的类型对应的属性信息。例如，任务"t0_0"的类型为 4，其在 PE 0 和 PE 1 上的执行延迟分别为 6. 29294 和 6. 47376。

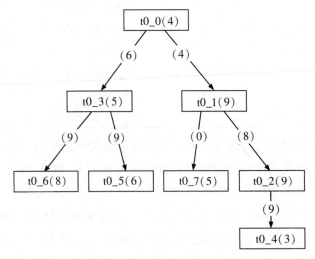

图 7.6　TGFF 生成的 DAG 图实例

由上述讨论可以看出，利用 TGFF 生成的 DAG 任务图、通信链路以及处理单元的信息写入了一个后缀名为"tgff"的文件中，通过解析 tgff 文件中的词组（如 HYPERPERIOD、TASK_ GRAPH、TASK、ARC、HARD_ DEADLINE、COMMUN 以及 PE 等），将相关参数读入本章设计的实验仿真平台，以供各种算法统计异构多核系统能耗、运行时间等数据。

2. 算法处理模块

针对低功耗任务调度问题，实现了文献［40］中提出的 EE-GLSA、文献［41］中提出的 ASG-VTS 算法以及本章提出的基于关键路径分析的低功耗调度 CT-LPS 算法。

如表 7.5 所示，任务划分算法与低功耗调度算法组合后生成了不同的异构多核低功耗调度算法。多样的算法组合方式使得本章的实验仿真系统可方便地比较任务划分及低功耗调度算法的性能，同时，如果需要对其他算法进行评估，只要将算法实现后加入本系统即可实现对比。由此可见，本章设计的仿真系统的算法处理模块具有较好的可扩展性。

表 7.5　异构多核低功耗调度算法

Low-power Scheduling Algorithm for Heterogeneous Multi-core System	
Task Mapping	Low-power Scheduling
EE-GMA	EE-GLSA
	ASG-VTS
	CT-LPS
GSAM	EE-GLSA
	ASG-VTS
	CT-LPS

3. 数据分析模块

近年来，基于异构多核处理器系统的低功耗调度问题逐渐引起了人们的重视，针对此问题的研究方法也日趋丰富，当前对求解算法的评价主要关注两项标准，一是算法最终的节能效果，二是算法在运行过程中的效率，主要是时间复杂度。

定义 7.8 假设系统以处理单元的最高性能运行消耗的能量为 E_0，采用低功耗调度技术后系统在满足实时性的前提下能耗降低为 E，则系统的能耗降低率可定义如下：

$$\eta = (E_0 - E)/E_0 \qquad (7.8)$$

不难看出，能耗降低率 η 越大，说明算法的节能效果越明显。实验仿真系统在评估每个算法的过程中，首先统计算法以最高电压级别运行时的能耗，然后记录算法运行过程中获得的最佳能耗及其对应的调度策略，至此，根据公式（7.8）便可求得算法的能耗降低率。

在当前系统实时性要求越来越高的情况下，算法的时间复杂度成为评估其效率优劣的主要指标之一。

定义 7.9 设算法即将运行的起始时刻为 T_S，结束时刻为 T_E，则算法的运行时间可定义如下：

$$T_{exe} = T_E - T_S \qquad (7.9)$$

根据公式（7.9），实验仿真系统可通过记录算法运行前后的时刻以统计其运行时间。

7.3.2 低功耗调度算法性能分析

为分析本章设计的 CT-LPS 低功耗调度算法的性能，设计实验方案如下：

（1）随机生成任务划分方案，在相同的划分策略下，分别从能耗降低率和运行时间效率两方面对比分析 ASG-VTS、EE-GLSA 以及本章的 CT-LPS 三种低功耗调度算法。

（2）利用实验仿真平台的参数生成模块，随机生成 20 个任务图，任务子节点数在 1~100，处理单元个数为 2~8。其中，EE-GLSA 算法中的种群迭代次数为 1000，种群规模为 50，而 ASG-VTS 和 CT-LPS 算法迭代为 10000 次，当算法的最优解连续 100 代无明显改善时则终止运行。表 7.6 中，Saving 表示算法的能耗降低率，Time 代表算法的运行时间。

表 7.6 ASG-VTS、EE-GLSA 与 CT-LPS 性能比较

Task	Node/Edge /PE	ASG-VTS		EE-GLSA		CT-LPS	
		Saving/%	Time/ms	Saving/%	Time/ms	Saving/%	Time/ms
tgff1	17/19/4	4.9207	203	23.5056	10891	27.6466	219
tgff2	10/9/5	44.7344	2343	29.7808	28875	46.1124	141
tgff3	22/25/3	14.0786	672	19.1207	27140	27.8781	11422
tgff4	21/24/8	13.6885	30890	18.0363	359360	32.6086	6578
tgff5	21/24/4	27.5845	17266	24.2883	15360	29.5406	11531
tgff6	26/30/3	8.1729	281	17.0865	30671	16.7399	375
tgff7	11/11/3	20.6346	109	26.2084	10422	23.9502	21891
tgff8	56/68/2	22.9180	60438	14.8903	332187	27.2099	1594
tgff9	37/43/7	23.8331	81640	11.1551	85828	32.9502	9641
tgff10	30/36/4	36.1531	24828	20.3327	324454	44.4125	49125
tgff11	75/90/4	19.9250	41015	8.20702	347985	27.6757	20860
tgff12	66/79/4	6.28028	2766	12.5495	527641	28.7713	102500
tgff13	32/38/4	17.0790	407	16.6808	79296	18.6801	640
tgff14	57/69/4	27.1335	87094	10.4414	298109	26.9976	2188
tgff15	37/43/4	22.5860	74969	23.9617	299828	30.0637	828
tgff16	28/33/3	11.5982	890	14.4580	58485	25.9469	21953
tgff17	28/32/5	31.8171	98047	26.3887	420296	40.9755	500
tgff18	21/24/3	36.0323	18766	27.6757	259812	57.3657	406
tgff19	7/6/4	59.2158	109	59.2204	31750	59.2158	141
tgff20	43/50/2	36.3750	109109	17.3431	581610	39.2676	32594

从图 7.7 可以看出，CT-LPS 算法的节能效果要比 ASG-VTS 算法和 EE-GLSA 算法好，分析其原因，ASG-VTS 算法在确定任务执行顺序的过程中只是简单地以任务的延迟为优先级进行列表调度，这种做法的局限性在于简单地考虑执行延迟无法保证任务一定能生成较短的调度长度，进而造成一部分可行的调度错过了截止期，进而错失了良好的电压缩放方案；EE-GLSA 算法在确定任务执行顺序的过程中只是简单地随机生成调度优先级，依赖遗传算法的大量迭代寻找优良的染色体，该做法的随机性太强，无法

保证解的质量。本章提出的 CT-LPS 算法充分考虑了关键任务对调度长度的影响,进而最大限度地确保了任务的实时性,使能耗更低的任务执行电压级别方案以更大的概率保留。

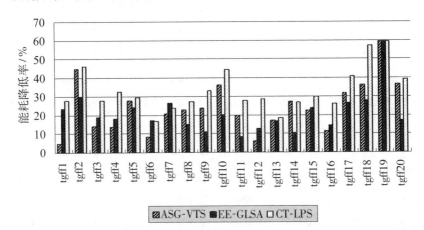

图 7.7 ASG-VTS、EE-GLSA 与 CT-LPS 能耗降低率

图 7.8 表示的是算法的运行时间效率,从图中可以看出 CT-LPS 和 ASG-VTS 算法的时间复杂度大致相同,该情况的原因在于两种算法的任务调度及电压级别调整过程消耗的运行时间基本处于同一水平。EE-GLSA 算法的时间复杂度要远远高于前两者,原因在于 EE-GLSA 中用到了遗传算法。众所周知,遗传算法在运行过程中经过一系列复杂操作,较为耗时。

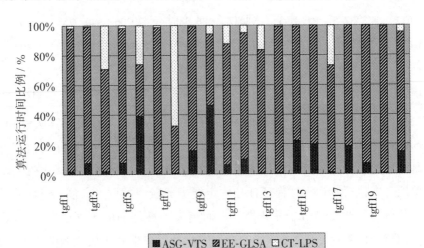

图 7.8 ASG-VTS、EE-GLSA 与 CT-LPS 时间复杂度

7.3.3　异构多核低功耗调度算法性能分析

我们将异构多核低功耗调度算法与文献［42］中提出的 EE-GMA-GLSA 算法进化一代的运行时间复杂度及能耗降低率进行比较，同时，将文献［42］中的 EE-GMA 划分算法及文献［41］中的 ASG-VTS 低功耗调度算法整合，并与本章算法进行比较，着重考虑能耗降低率及运行时间两方面效果，其中，两种算法中的种群迭代次数均为 100 代，ASG-VTS 及 CT-LPS 算法的迭代次数为 1000，最优解连续 10 代无明显改进则终止运行。

表 7.7 统计的是 EE-GMA-GLSA 与 GSAM-CP-LPS 算法进化一代的实验结果，其中 EE-GMA-GLSA 算法中的遗传列表调度算法种群规模为 25，迭代次数为 100。

表 7.7　EE-GMA-GLSA 与 GSAM-CT-LPS 进化 1 代性能比较

Task	Node/Edge/PE	EE-GMA-GLSA		GSAM-CT-LPS	
		Saving/%	Time/s	Saving/%	Time/s
tgff1	17/19/4	27. 8109	5084	40. 0369	14
tgff2	10/9/5	47. 3786	3603	56. 5327	6
tgff3	22/25/3	32. 1211	16465	37. 8391	37
tgff4	21/24/4	36. 5656	6965	39. 9577	28
tgff5	26/30/4	28. 9310	10656	40. 6396	55
tgff6	11/11/3	38. 3993	1707	39. 3947	14

不难看出，在同样进化一代的情况下，GSAM-CT-LPS 算法无论是能耗降低率还是运行时间效率均优于 EE-GMA-GLSA。究其原因，虽然前者的划分过程稍慢于后者，但扩大了解空间，为后期的低功耗调度算法提供了更多的划分方案，并且，CT-LPS 算法的运行时间效率和能耗降低率均明显优于 EE-GLSA 算法。

表7.8 GSAM-CT-LPS 与 EE-GMA-ASG-VTS 进化 100 代性能比较

Task	Node/Edge/PE	EE-GMA-ASG-VTS		GSAM-CT-LPS	
		Saving/%	Time/s	Saving/%	Time/s
tgff1	17/19/4	36.9720	74	47.6328	169
tgff2	10/9/5	57.2063	161	59.3639	31
tgff3	22/25/3	42.8834	642	46.0795	509
tgff4	21/24/8	43.9252	903	44.7240	569
tgff5	21/24/4	37.1435	270	52.7924	480
tgff6	11/11/3	43.7352	251	46.2531	253
tgff7	28/33/3	47.4702	1137	51.1661	1129
tgff8	21/24/3	59.3007	467	59.3483	109

图 7.9 的结果表明，GSAM-CT-LPS 算法较 EE-GMA-ASG-VTS 降低了更多的能耗。究其原因，在任务划分阶段，改进后的遗传算法增加了划分方案的解空间，为后期提供了更大的节能潜力，在低功耗调度过程中，由前面的实验已经得出结论，CP-LPS 算法的节能效果要比 ASG-VTS 算法好。

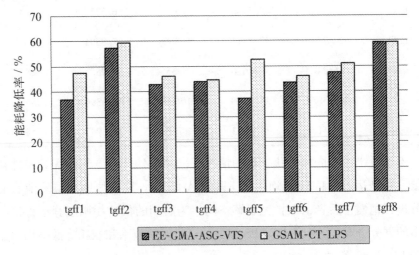

图 7.9 EE-GMA-ASG-VTS 与 GSAM-CT-LPS 能耗降低率

图 7.10 表示的是算法的运行时间效率，由图可以看出，两种算法消耗的运行时间基本处于同一数量级，原因在于两种算法在任务划分阶段和低

功耗调度阶段时间复杂度基本相同，因此，算法的整体运行时间效率也基本一致。

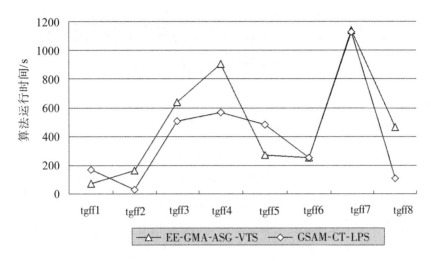

图 7.10　EE-GMA-ASG-VTS 与 GSAM-CT-LPS 时间复杂度

7.4　本章小结

　　本章针对异构多核低功耗调度问题中的任务调度及低功耗技术应用部分进行了研究，提出了一种基于关键任务分析的低功耗调度算法。首先，在分析现有算法的基础上，对低功耗调度问题进行形式化描述并总结出算法的主要流程；其次，考虑实时系统的要求，对关键任务及其对调度长度的影响进行分析，提出了一种降低任务调度长度的算法，调度长度的缩短增加了任务的松弛时间，使得功耗降低的潜力增大；再次，分析任务节点中能耗及执行延迟等因素对系统功耗的影响，提出一种电压缩放算法以调整任务执行期间的电压。

第八章　基于改进遗传算法的节能调度算法

对于计算性能的不断追求要求 MPSoC 中集成更多的处理器内核，但这同时也加剧了 MPSoC 所面临的能耗问题。高能耗带来了高成本，同时影响嵌入式系统的舒适度和可靠性，限制了 MPSoC 的发展与应用推广。本章在分析 MPSoC 所面临的能耗问题基础上，从任务模型、能量模型和系统模型三方面介绍异构 MPSoC 的节能调度模型，通过对遗传算法进行改进，采用动态电压缩放技术对节能调度算法进行研究，以实现算法在节能率和运行时间方面取得很好的均衡。

8.1　引言

8.1.1　MPSoC 能耗问题

随着半导体技术的不断发展，以及片上系统的出现，使得多个不同的处理器核集成到单个芯片成为可能，在一个 MPSoC 芯片中可以包含多个计算单元，不同种类的通用处理器核、可重构单元核和专用处理器核，已经成为计算机领域的重要发展方向。比如采用 ARM 架构的异构 MPSoC 芯片，在通信行业、手持电子设备、工业控制设备中得到了广泛应用。同时，因为处理器芯片的集成化程度的提升，以及处理器内核数量的不断增加，使得系统的能耗成为一个不可回避的问题，极大地影响了用户体验和 MPSoC 在众多行业的推广。

在嵌入式系统领域，由于受面积、性能要求的约束，所以能耗问题在嵌入式系统领域更为突出。能耗过高会使嵌入式设备的性能降低，电量消耗过快，特别是对于一些无源设备，更换电池的频率会增加。因此，设计出低能耗的嵌入式系统是设计人员追求的另一项重要指标。大多数嵌入式应用采用电池供电，目前虽然电池技术有了较大的改进，但是仍不能满足大多数应用的需求，不利于其在嵌入式领域的发展。嵌入式系统的高能耗将带来以下几个问题：

1. 高成本问题

大多数嵌入式应用的电源都是电池，对于手机或者平板电脑等这类移动和手持设备而言，如果系统有较高的能耗，那么其所需的能量就越高，对电池的容量要求就越大，目前发展最快的锂电池技术已不能满足日益增长的应用和用户需求，特别是进入 5G 时代，所有应用更加耗电。电池容量的提升跟不上处理器的发展，增加电池容量带来较大的成本，远高于处理器性能提高带来的收益。可依据不同的能耗级别，对芯片的封装采用不同类型。如果芯片能耗过高，就需要较好的散热材料进行封装，但会带来成本的提升；如果芯片的能耗降低，则可以采用散热性较差而价格相对便宜的封装材料。因为如果芯片所产生的热量无法散去，会导致芯片温度升高，甚至烧毁芯片。目前在通用计算机和大型计算平台上，可以采用散热片、风冷、水冷等方式，设备的增加同时也会带来成本的增加，而在嵌入式系统中，因其具有体积和性能的局限，给设计人员带来更多的挑战。

2. 舒适度问题

手机、平板电脑等设备是一个典型的嵌入式系统，是人类生活中必不可少的部分，用户在体验过程中，对舒适性有较高的要求。当系统能耗升高时，温度就会随之升高，用户体验不好。比如手机在寒冷的冬季还可以利用其取暖，但在炎热的夏季就会带来极其糟糕的用户体验，同时用户还得面临处理器温度过高而死机的风险。为了降低系统的温度，需借助散热设备，这就会使嵌入式系统的整体体积增大。

3. 可靠性问题

在集成电路中，系统的稳定性与温度有着密切的关系，芯片在一定温度范围内才能正常工作。如果芯片的温度过高会使得晶体管的参数变化，极易受到外界辐射的影响，特别是用于航天的芯片，在宇宙中电磁辐射较强，当温度过高时很容易使得芯片存储的数据发生变化，比如由原来的 0 变成 1，这样可能带来不可估量的损失。在进行芯片设计时，可靠性需求依赖于芯片的能耗问题，需从多个层面降低其能耗。

系统的能耗与其性能、可靠性、成本等相互依赖、相互影响，如果不能解决系统的高能耗问题，就会对嵌入式系统的发展产生巨大的阻碍，对嵌入式系统的处理器进行节能调度变得尤为重要。

8.1.2　节能调度的研究现状

嵌入式系统的能耗问题是其中一个至关重要的问题，随着处理器的发展，针对处理器的能耗优化研究也逐渐深入，产生了许多能耗优化技术。ARM 处理器可以通过电压调节、时钟控制、硬件性能监控、工作模式切换等方式进行能耗调节。设计人员需要深入电路、结构、算法、系统等层面，从多维度进行考虑。每个层次所使用的管理方法带来的效果有所不同，抽象层次越低，其调节效果越差，反之调节效果越好。

为解决嵌入式系统设计中的能耗问题，近年来兴起的动态功耗管理（DPM）和动态电压缩放技术（DVS）引起了业界的关注。DPM 将不使用的功能模块挂起以实现节能，这对于非实时应用非常有效。但对于实时系统而言，其运行过程具有很多不确定性，采用 DPM 技术难以实现较好的节能效果，因而，实时应用中多采用 DVS 技术。由于频率和电压调节过程通常同步进行，所以 DVS 也叫动态电压频率缩放（Dynamic Voltage Frequence Scaling，DVFS）技术，许多流行的低功耗处理器都支持该节能技术，IBM 公司的 PowerPC、Intel 公司的 Xscale 以及 Transmeta 公司的 Crusoe 等处理器就是典型的代表。DVS 技术通过实时改变处理器单元的电压和频率来降低系统功耗。然而，系统频率降低导致任务执行时间变长，可能错过任务的截止期。因此，在电压缩放过程中，需要设计适当的调度算法，在不影响系统性能的情况下对能耗进行优化。

DVS 技术的本身是通过牺牲系统性能来换取功耗的降低，本质上算作一种硬件节能技术，需要在软件层面上通过配置处理器的电压级别，从而在保证系统实时性的同时最大限度地实现功耗优化。通常情况下，处理器电压并不能发生连续变化，只具有几个离散的电压值。在具有离散电压级别的异构 MPSoC 下对关联任务进行节能调度已被证明属于 NP 难问题，通常采用启发式算法进行求解。现今，在异构 MPSoC 上进行节能调度算法研究得到了国内外研究者的广泛关注。目前，针对多处理器系统的实时低功耗调度算法的研究越来越受到人们的重视。

针对同构多处理器系统节能问题，许多研究者对其进行了研究。在文献［43］中，作者提出了一种面向软实时任务的节能调度算法。该算法首先计算每个任务的松弛时间，然后采用全局 DVS 技术，在松弛时间内对片上多处理器的电压进行动态调节，从而在满足任务的截止期的前提下降低内核计算速度，以实现系统节能的目的。

在文献［44］中，王颖锋和刘志镜针对同构多核处理器上周期性硬实时任务，提出了基于 DVS 的节能调度方法，该方法能有效降低处理器的能耗。文献［45］提出了一种用于安全关键应用温度监控的能耗感知实时嵌入式系统，主要目标是根据任务依赖性和优先关系对多处理器系统的任务分配进行硬件实施，并安排实时任务，提供一种基于 DVFS 技术和关闭处理器未使用外围设备的节能解决方案。在文献［46］中，Bhatti 针对在具有复杂的多核高速缓存层次结构的系统中，利用数据局部性减少并行应用程序的执行时间和能耗，文中提出了一种针对同构多核系统的启发式算法，该算法是一种连续工作算法，它同时考虑了局部性和负载平衡，以减少目标应用程序的执行时间。

对于异构 MPSoC 来说，各个核之间的指令集不同，存在性能和结构上的差异性。异构 MPSoC 的各个处理器核是异构的，需要先对任务进行划分，将任务分配到各个处理器核上，然后再对分配到各处理器核上的任务队列进行调度。在任务划分之后，任务的调度策略跟单处理器上类似，可以借鉴对单处理器的一些研究成果，进行多处理器上的任务调度。但是多处理器之间存在任务关联性，这使得任务调度难度大大增加。在异构 MPSoC 中，利用 DVS 技术对具有依赖任务集进行节能调度是 NP 难问题，难以在多项式时间内求取最优解。Luo 等提出了一种同时调度多速率周期任务及非周期任务的能量感知算法。美国加州大学欧文分校的 Gorjiara B 等提出了一种快速启发式算法，在文献［47］中他们结合随机算法及能量梯度技术同时解决松弛时间片的分配及任务调度问题，其最新相关工作在文献［42］中给出，根据任务的能量梯度和执行时间计算优先级，然后在优先级指导下进行随机调度。Gruian 等通过动态计算任务优先级，提出了一种基于优先级的列表调度算法。Liu 等通过关键路径分析，将空闲时间片进行分配，提出了一种任务调度和缩放策略。

Suleyma 提出了一个基于整数线性规划的框架，将给定任务映射到片上的异构多处理器系统架构中。该框架可以达到以下目标：最大限度地减少能耗，最大限度地减少成本（即异质处理器的数量），并在性能限制下最大限度地提高系统的可靠性。文中采用 DVS 来降低能耗，同时使用任务冗余来最大化可靠性。同时基于 EDF 算法提出了两种启发式算法，以在性能和成本限制下最大限度地减少能耗。Chai 提出在给定能耗优先的约束下采用统计优化来减少能耗，采用 ILP 进行统计优化。实验结果表明，采用统计方法的任务调度能极大减小系统的能耗。Gahm C 等人提出了节能调度的一个研究框架。基于迭代方法，对已有的文献进行回顾、分析和综合，为该领域提出了全新的研究框架。并将文献按照能耗覆盖、电量供应和能耗需求等三个方面进行分类。通过对相关文献进一步的实证分析表明，采用节能调度会给系统带来显而易见的好处。Zhang Q 等基于 Q-Learing 模型的混合 DVFS 不能很好地处理任务集的变化和有限的训练集，提出了基于深度 Q-Learing 模型的节能调度算法，在学习模型中用堆自动编码取代 Q 函数，使得该调度在参数训练后可以得到任意系统 DVFS 的 Q 值。最后在不同任务集上的模拟实验表明该算法可以有效降低系统的能耗。Abd 等基于 MPSoC 的异构片上网络，研究带有优先级限制和独立最后截止时间非抢占式任务的调度，该 MPSoC 支持离散频率的 DVFS，这样可以使得所有任务的总能耗降到最低，并提出了两种新方法：一个是基于凸的非线性规划算法，用于计算连续频率模型下所有任务和通信链路的最佳频率；另一个是基于整数线性规划和多项式时间启发式算法，用于为所有任务和通信链路分配最佳的离散频率。Yun 等在片上的不对称多处理器系统上，提出了一种基于设计时节能的任务调度算法设计时间任务调度算法——GA 算法。与现有的基于 GA 的任务调度算法不同，该算法根据完成时间和能耗对候选者采用不同的生成策略。Li 等提出了一种在异构 MPSoC 系统上，同时将温度和能耗最小化的方法。他们提出了温度/能耗感知的阶段任务调度方法：第一阶段将任务分配给处理器，同时考虑温度和能耗因素，以平衡处理器的温度/能耗负荷；在第二阶段，通过考虑处理器的异构性和任务来推断温度/能耗最优速度的任务分配，在此基础上设计一个近似流体调度算法，以减少任务切换开销，同时保证任务的计时限制。Ali 等针对可以进行 DVFS 的异构 MPSoC 的片上网络进行研究，用 DAG 图表示带有优先级约束任务，并将任务数据的外部依赖转化内部依赖，进一步提出了内嵌表调度器的节能任务调度启发式算法，以实现考虑处理器的能耗曲线和任务截止时间的能耗感知任务调度。Salamy 提出了一种在芯片可靠性限制下满足最后截止时间的低能耗和温度感知的高效任务调度技术，并在多个基础系统架构和多个嵌入式应用以及执行不同目标函数的情况下展示了该技术的性能和效率。

Huang 等针对具有硬时限要求的异构计算系统的平行实时应用，提出了独立于 DVFS 或者弱依赖于 DVFS 序的调度方法。其目的是在满足最后截止时间的目标下，最大限度地减少系统能耗。首先，在不采用 DVFS 的情况下，提出了非依赖 DVFS 调度算法（DNDS），该算法优先将高能耗任务，重新分配到处理器空闲时间。其次，提出了一个弱依赖 DVFS 的调度算法（DWDS），通过不断迭代的方式，该算法为每个处理器安排适当的主频。仅当系统所执行的应用发生改变时，才允许使用 DVFS。最后，在DWDS 算法的基础上进一步提出了 Fast_DWDS 算法。针对相应的 DAG 任务模型进行调度算法的性能评估。实验结果表明，与现有的同类研究相比，在满足截止时间的同时，算法能耗大大降低。

现有的节能调度算法主要存在以下不足：基于整数规划虽能求取精确解，但算法复杂度太大，很难在实际中得到广泛应用。平均或随机分配松弛时间片的算法简化了系统模型，忽略了不同任务的节能差异性，无法实现最优的节能效果。单纯基于优先级的调度算法灵活性不高，在解空间的扩展上具有很大局限性，难以获得近似最优解。模拟退火算法虽然具有较好的全局搜索能力，能够摆脱局部最优情况的出现，但其采用随机搜索的方法，在解决较大解空间时，难以选择搜索方向，导致运算效率不高。基于传统遗传算法的调度虽然具有相对较大的解空间，并且算法本身具有可并行性，便于分布式实现。而遗传算法容易陷入早熟，在采取何种方法在既保留样本多样性又选择最优个体的问题上难以做到最佳，影响节能效果。

8.1.3 本章方法

异构 MPSoC 节能调度是 NP 难问题，采用整数线性规划方法难以适应任务规模过大的问题，基于优先级的方法在求解质量上有待提高，而人工智能方法则比较适合求解该类问题。考虑到遗传算法在解空间、复杂度和运行时间方面较好均衡的优点，本章采用遗传算法来解决异构 MPSoC 节能调度问题。对于遗传算法容易陷入局部最优的缺陷，本章从选择算子和更新策略方面对传统遗传算法进行改进，提出一种新的任务缩放优先级计算方法，采用动态电压缩放技术对异构 MPSoC 中的节能调度问题进行研究。主要工作如下：

（1）针对异构 MPSoC 任务调度特征，对遗传算法的选择算子和更新策略进行改进，以一定概率选取暂时表现欠佳个体，从而扩展群体的多样性，减少其陷入局部最优的可能。

（2）采用改进的遗传算法确定任务优先级，给出任务调度策略。通过在每次遗传迭代过程中选取能量最优个体，实现给定任务划分下的节能调度。

（3）运用处理器的动态电压缩放功能，根据缩放时间和对应能耗差值之比确定任务缩放优先级，通过反复选取节能效果最优的任务进行电压缩放，对处理器能耗进行优化。

本章后续部分分别介绍了异构 MPSoC 节能调度模型和调度算法，还进行了模拟实验及结果分析。

8.2 异构 MPSoC 节能调度模型

在异构 MPSoC 中，对具有前后依赖关系的任务图进行能耗最优调度，该问题可以描述如下：将任务分配到合理的处理器，并确定该处理器的运行电压，在满足所有任务的截止期的前提下，实现系统整体能耗最优的目标。

一般说来，在异构 MPSoC 上寻求能量最优的调度策略可分为三个阶段，分别是任务划分、任务调度和动态电压缩放。任务划分是将任务分配到各处理器；任务调度是在任务划分的基础上，确定任务的执行顺序；动态电压缩放是确定任务的执行电压。本章在确定任务划分的前提下对后面两个阶段进行研究，基于改进的遗传算法设计一个异构 MPSoC 节能调度算法。

8.2.1　任务模型

本章采用 DAG 图作为任务模型，DAG 模型可准确描述异构 MPSoC 与任务的关系，可表达包括执行时间、能耗等丰富的信息。同时，由于 DAG 图结点之间的边具有方向性，可表示任务之间的依赖关系，从而可以更加准确地表达实际的任务模型。DAG 图可用一个二元组 $G(T, C)$ 来描述，其中 T 是任务集合，C 是通信边集合。

本章考虑节能调度问题，在通用的 DAG 任务模型上加入了能量属性。在该任务图中，同一任务在不同处理器上不仅执行时间不同，并且所消耗的能量也存在差异，从而需要另外构造一个任务与处理器能耗相对应的二维矩阵。

8.2.2　能量模型

对于 CMOS 电路来说，动态功耗是系统能量消耗的主要来源，也是节能调度算法能够有效调节的因素，本章介绍的能量模型只考虑动态功耗。对于同一处理单元来说，动态功耗 P_{dyn} 与系统的电源电压 V_{dd} 以及操作频率 f 三者之间的关系，如式（8.1）和式（8.2）。

$$f = K_{ic} \times \frac{(V_{dd} - V_t)^2}{V_{dd}} \tag{8.1}$$

$$P_{dyn} = C_{ef} \times V_{dd}^2 \times f \tag{8.2}$$

其中，C_{ef} 表示电路的有效负载电容，K_{ic} 表示与电路相关的常量，V_t 表示系统正常运行的阀值电压。式（8.1）表示的是电源电压与处理器频率之间的关系，式（8.2）揭示的是动态功耗、电源电压、处理器频率三者之间的关系。

此外，根据任务执行时间与系统能耗之间的关系，得到式（8.3）和式（8.4）：

$$t = \frac{N_c}{f} \tag{8.3}$$

$$E_{dyn} = P_{dyn} \times t \tag{8.4}$$

其中，N_c 表示任务执行所需的处理器操作次数，由任务属性及对应的处理器结构确定，t 为任务执行时间，E_{dyn} 表示系统的动态能耗，根据式（8.2）、式（8.3）、式（8.4），得到式（8.5）

$$E_{dyn} = C_{ef} \times V_{dd}^2 \times N_c \tag{8.5}$$

从式（8.5）可以看出，处理器动态能耗与电源电压成平方正比关系。如果想降低处理器能耗，则可以通过降低系统电压来实现。但系统的电源电压不能任意降低，其不能低于系统正常工作电压阀值 V_t。由式（8.1）可知，在满足 $V_{dd} > V_t$ 的前提下，频率 f 是关于电源电压 V_{dd} 的递增函数，电压降低的同时，处理器的频率也随之降低，这样就可能造成任务截止期错失，从而需要确定如何合理地进行电压缩放。

8.2.3 系统模型

异构 MPSoC 由一系列具备动态电压缩放功能且性能各异的处理单元组成，各处理单元在指令结构、时钟频率、性能等方面不尽相同，但各处理器核都具备 DVS 中所要求的动态电压调整的硬件功能。处理单元集合表示为 $PE = \{PE_1, PE_2, \cdots, PE_m\}$，每个处理单元 $PE_j (j = 1, 2, \cdots, m)$ 具有若干离散的电压模式 $V(j, k)$，其中 $k = 1, 2, \cdots, N(j)$，$N(j)$ 表示处理单元 PE_j 拥有的不同电压级别。PE_j 在电压模式 $V(j, k)$ 下的功耗和频率分别用 $P(j, k)$ 和 $f(j, k)$ 来表示。不同处理单元之间采用总线方式进行通信，总线的功耗为 P_b。任务执行过程中总的动态能耗 E_{total} 可由式（8.6）来表示：

$$E_{total} = \sum_{i=1}^{N} \sum_{j=1}^{m} \sum_{k=1}^{N_j} \times \theta(i, j, k) \times p(i, j, k) \times t_{exe}(i, j, k) + P_b \cdot t_c \tag{8.6}$$

其中，n、m 分别代表任务数和处理器单元数，$P(i, j, k)$ 代表任务 J_i 在处理单元 PE_j 上以电压级别 $V(j, k)$ 执行时的动态功耗，$t_{exe}(i, j, k)$ 为对应的执行时间，而 (i, j, k) 是一个如式（8.7）所示的一个选择函数，它有 0、1 两个值，只有任务 J_i 被划分到处理单元 PE_j 上并且以电压模式 $V(j, k)$ 执行时，$\theta(i, j, k)$ 的值为 1，否则为 0；P_b 和 t_c 分别为系统中的总线功耗和当前划分下任务之间总的通信时间。

$$\theta(i, j, k) = \begin{cases} 1 & \text{任务 } t_i \text{ 在处理器上 } PE_j \text{ 上以电压 } k \text{ 运行} \\ 0 & \text{其他情况} \end{cases} \tag{8.7}$$

假定异构 MPSoC 中每个处理单元都具有相同数目的离散电压值，通过配置指令可以设置每个处理单元的执行电压，各处理单元在改变自身的执行电压过程中不会影响其他处理单元的正常运行。

8.3 基于改进遗传算法的节能调度

针对异构 MPSoC 的节能调度问题，采用改进的遗传算法，基于任务的在缩放优先级，提出了一种节能调度算法 ESIGSP（Energy Scheduling Based on Improved Genetic and Scaling Priority）。本节后续部分对 ESIGSP 算法进行具体的介绍和分析。

8.3.1 算法框架

ESIGSP 算法首先通过对遗传算法进行改进，确定任务优先级；然后根据任务 DAG 图和划分策略，确定任务在处理器上的调度顺序；最后根据任务节省能耗与延长时间之间的关系，在可行的任务调度方案上进行动态电压缩放，通过反复迭代实现系统能耗最优化。

ESIGSP 8.1 算法伪代码如下：

Algorithm 8.1 ESIGSP 算法

输入：DAG 任务图
　　　任务映射关系
　　　系统处理器执行时间和能耗等信息
输出：截止期约束下的任务调度

Begin
（1）Initialization（population）//初始化种群
（2）E_{min}←//初始化最小能耗
（3）S_{best}←//初始化最优划分
（4）iter←0，uIter←0//初始化迭代次数和无效迭代次数
（5）**While**（iter<ITERMAX or uIter<UMAXITER）**Do**//定义退出条件
（6）　　**For** every individual i in population **Do**//对于每次遗传操作确定的任务优先级，采用 SPESA 算法进行任务调度，并计算调度能量
（7）　　　　E_i←**SPESA**（S_i）

续表

---

(8)　　**End For**

(9)　　Rank（E_i）//根据能量进行排序

(10)　　Selection（*population*）//选择操作

(11)　　Mateing（*population*）//交叉操作

(12)　　Mutation（*population*）//变异操作

(13)　　Update（*population*）//种群更新

(14)　　E_{cur}←The minimum E_i of all individuals//如果本次迭代的效果明显，则将本次迭代结果记为最优结果

(15)　　**If**（E_{cur}/E_{min}<IMPROVE）**Then**

(16)　　　$uIter$←0//无效迭代次数设为0

(17)　　　E_{min}←E_{cur}//将当前能量记为目前最小能量

(18)　　　S_{best}←The best schedule of this generation//记录本次调度

(19)　　*Else*//如果本次迭代的效果改进不显著

(20)　　　$uIter$←$uIter$+1　//无效迭代次数加1

(21)　　**End If**

(22)　　$iter$←$iter$+1//迭代次数加1

(23) **End While**

End

首先在第（1）至第（4）步进行初始化操作，包括种群初始化和能量、迭代次数等的初始化操作，算法从第（5）步开始进行遗传操作过程。对于遗传算法确定的每个染色体，算法在第（7）步调用基于缩放优先级节能调度算法SPESA（Scaling Priority-based Energy Scheduling Algorithm），该算法基于染色体确定的优先级进行动态电压缩放，并得出缩放调度的系统能量。然后在第（9）步根据能量进行排序，第（10）至第（13）步进行遗传操作，包括选择、交叉、变异和种群更新等，并得出此次遗传操作中的能量最低值。如果本次遗传迭代操作对能量的改进效果显著，则在第（16）至第（18）步将无效迭代次数设为0，并设本次迭代操作的结果为当前最优调度结果。如果没有显著改进，则无效迭代次数加1［第（20）步］，算法最后对换代次数进行加1［第（22）步］。ESIGSP算法的执行流程见图8.1。

图8.1中，首先进行种群初始化，然后进入循环体。循环体内首先根据遗传算法确定的优先级进行任务调度和电压缩放（即SPESA算法，图中灰色标注部分）；然后计算当前群体适应并排序；采用改进的遗传算法

对群体进行更新，如果满足终止条件则退出，否则继续迭代。图 8.1 中遗传迭代是主循环，SPESA 算法是每次迭代过程中的一个操作，接下来分别介绍基于遗传算法的主框架及 SPESA 算法。

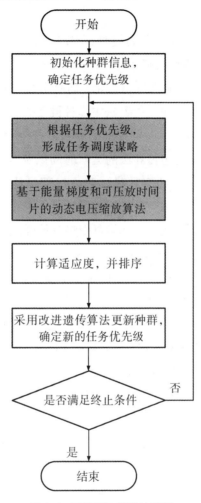

图 8.1 ESIGSP 算法流程图

8.3.2 任务优先级确定方法

遗传算法作为一种有效的智能方法而被广泛应用于诸多领域，在节能调度领域也广泛应用。传统的遗传算法在解决如任务调度等复杂问题时，容易陷入局部最优解，解决这个问题的关键在于保持算法收敛速度的同时，也要维持群体的多样性。通过对传统遗传算法的选择算子和种群更新策略进行改进，加入对暂时表现欠佳个体的选择概率，增加种群的多样性，提高遗传算法的全局和局部寻优能力。用改进的遗传算法来确定任务调度优先级，通过对个体进行能耗优化实现异构 MPSoC 上的节能调度。

本小节按照 ESIGSP 算法执行过程，对改进的遗传算法进行分析。

8.3.2.1 基因优先级编码及初始化

算法第（1）步对群体进行初始化，将任务优先级信息用具有不同数字序列的染色体来表示。在遗传算法中，种群是一个染色体集合。种群初始化工作包括染色体编码、设置种群的规模以及染色体信息表达等操作。其中，种群规模直接决定遗传算法的运行时间以及求解结果的精确度。若种群规模过小，则遗传算法容易过早陷入局部最优，从而求解的精度不高；若规模太大，则需要运行较长时间，增加了算法的复杂度。参照遗传算法在各种应用中的已有成果，在本章中将取种群规模为 60。

对于初始种群中每个染色体的选取，常见的有两种方式：一是根据应用问题的先验知识，估计最优解所占空间位于全部解空间中的分布，根据估计结果在该范围附近设定初始种群；另外一种方法是在没有先验知识的指导下，随机生成一些染色体，然后筛选其中的优良个体加入种群当中，直至种群规模达到预定数目为止。本算法针对异构 MPSoC 进行节能调度，对于不同的平台的策略及取得的效果可能完全不同，只能在实际计算后才能判断染色体的好坏。本章采用第二种方法选择初始种群，直至种群数目达到 60 为止。

遗传算法模拟达尔文进化论进行优胜劣汰，为了运用遗传算法来处理实际应用问题，需要将问题的解空间编码成一组基因构成的染色体。常见的染色体编码方式包括二进制编码、位串编码、浮点数编码，不同的应用问题中染色体编码所表达的意义也不同。对染色体的编码采用一维位串形式，编码长度为任务图中任务节点数 n，每个基因表示对应任务的调度优先级，取值范围为 $[0, n-1]$，数值越低对应优先级越高，对于优先级相同的任务，则根据任务编号进行排序。

例如，图 8.2 是与图 2.3 中的 DAG 图对应的一种随机编码方法，该任务图共包含 9 个任务，图 8.2 所显示的随机染色体编码方案为"342587164"，表示任务 1 的优先级为 3，任务 2 的优先级为 4，依此类推。

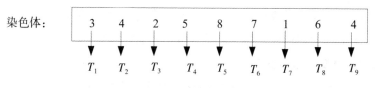

图 8.2 染色体编码方案实例

算法第（2）至第（4）步进行变量初始化，其中 E_{min} 为最小的能耗，S_{best} 为最优调度策略，*iter* 为遗传算法迭代次数，*uIter* 为能耗没有显著改进的连续迭代次数。

8.3.2.2 适应度排序

算法第（5）至第（23）步为遗传迭代。第（6）至第（8）步对群体中个体采用提出的 SPESA 算法进行节能调度［第（7）步］，该算法根据遗传算法确定的任务优先级等输入，返回个体调度策略及相应的能耗、时间等信息。第（9）步对个体调度能耗进行升序排序，能耗最小的位于队列最前端。

8.3.2.3 改进的选择操作

算法第（10）步对群体进行选择操作，从当前群体中选出个体，作为父代进行交叉和变异操作。

传统遗传算法的选择算子包括优先选择算子、轮盘赌算子、锦标赛选择算子、随机选择算子等。综合考虑种群优良性和多样性，将优先选择算子和随机选择算子相结合，对选择算子进行改进，提出了一种新的选择算子，如算法 8.2 如示。

Algorithm 8.2 选择操作

输入：遗传算法上一次迭代过程中产生的所有个体
输出：用于本次操作的 N_{sel} 个个体

Begin

（1）根据遗传算法中群体数目等参数计算需要选择的个体数目 N_{sel}

（2）根据第（9）步排序的排序结果，选择队列前 $\dfrac{N_{sel}}{2}$ 个个体

（3）采用随机算法，在队列经过第（2）步操作后剩余个体中均匀产生 $\dfrac{N_{sel}}{2}$ 个个体

（4）将第（2）步和第（3）步产生的共 N_{sel} 个个体作为选择结果进行交叉和变异

End

通过对选择算子改进，在不增加算法复杂度的前提下，可以同时保证群体的优质性和多样性，减少其陷入局部最优的可能。

8.3.2.4　交叉和变异算子

第（11）步执行遗传算法中的交叉操作，采用两点交叉算子，该算子对于一维数组编码的染色体操作简单，并能较好地扩展解空间。对于选择出来用于交叉的两个染色体 Parent 1 和 Parent 2，根据交叉点将本身分为左右两部分，然后对这部分进行交叉。新产生的染色体 Child 1 包括 Parent 1 的左部和 Parent 2 的右部，Child 2 包括 Parent 2 的左部和 Parent 1 的右部，从而形成两个全新编码的后代染色体。具体操作如图 8.3 所示。

对于新生成的染色体，需要检测其可调度性，可以调度则保留，否则选择不同的交叉点或者父代进行重复多次交叉，直至产生一定数目的合法后代为止。

算法第（12）步执行传统遗传算法中的变异操作。变异算子是对个体中某个基因在有效值范围进行变换，从而强制改变某个任务的执行优先级，以扩展解空间的多样性。本章采用单点变异的方法，以随机方式选择变异基因并进行随机变异。与交叉算法类似，需要对新生成的染色体进行检测，新生成的染色体不能和变异前相同，且要具有可调度性，否则再次生成随机的变异点和变异数值进行重新变异，直至产生合法的变异后代数为止。如图 8.4 所示，染色体"292637519"的第三个基因发生了突变，该基因由原来的 2 突变为 4，从而生成了新的染色体"294637519"。

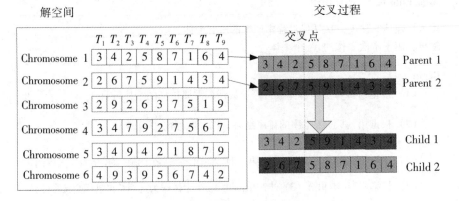

图 8.3　染色体交叉操作

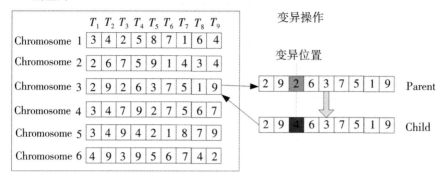

图 8.4　染色体变异操作

8.3.2.5　改进的群体更新策略

　　算法第（13）步进行群体更新。对于遗传算法来说，多样性的群体利于形成广阔的解空间，防止陷入局部最优，进而以更大的概率获取全局最优解。传统遗传算法的群体更新机制直接用子代与父代中较优个体对群体进行更新，该策略容易造成早熟现象。针对节能调度这一特定背景，引入 Metropolis 接受准则，对传统遗传算法中群体更新机制进行改进。

　　Metropolis 接受准则是 Metropolis 等人在 1953 年提出的重要性采样法，其既可趋向目标优化的方向搜索，又可依一定概率接受不良解。该接收准则通常用于模拟退火过程，可以将其类推到节能调度当中。

　　算法中染色体的接收概率 P_{receive} 依据 Metropolis 接受准则和任务调度能量来计算，如式（8.8）所示：

$$\begin{cases} P_{\text{receive}} = e^{-(E_{\text{child}} - E_{\text{parent}})/\beta T} \\ T = \dfrac{1}{P} \sum_{i=1}^{P} (E_i - \bar{E})^2 \end{cases} \tag{8.8}$$

　　其中，e 为自然常数，β 是 Boltzman 常数，E_i 为个体 i 所对应的能耗，$\bar{E}$ 为群体平均执行能耗，P 为群体规模。

　　从而，改进的群体更新策略如算法 8.3 所示。

Algorithm 8.3　更新策略

输入：本次迭代新产生的个体

输出：是否接收新生成的个体

续表

Begin
 （1）**While**（还有新的染色体未被处理）**Then**
 （2） 计算新生成个体的调度能耗 E_{child}
 （3） **If**（E_{child}<父辈的调度能耗 E_{parent}）**Then**
 （4） 选择新产生的染色体
 （5） **Else**
 （6） 以概率 $P_{receive}$ 接受新的染色体
 （7） **End If**
 （8）**End While**
 （9）用选择的新染色体去更新群体
End

算法第（14）至第（21）步对本次迭代的有效性进行判断，如果本次迭代与上次迭代最小能耗比值小于显著性指标 *IMPROVE*〔第（15）步〕，则说明子代有了显著改进，将无效迭代次数 *uIter* 置 0〔第（16）步〕，并记录本次迭代最优解〔第（17）至第（18）步〕，否则将 *uIter* 加 1。当达到最大迭代次数 *ITERMAX* 或者无效迭代次数超过 *UMAXITER* 时，程序退出〔第（5）步〕。

8.3.3 基于缩放优先级的节能调度

ESIGSP 算法第（7）步调用了基于缩放优先级调度算法 SPESA，它根据遗传算法确定的任务优先级以及 DAG 任务图、处理器结构信息、任务映射等输入，进行电压缩放节能调度。输出结果为节能调度策略以及该策略下的系统能耗、执行时间等信息。

在给出算法描述之前，预先定义算法中需要使用到的几个参数，如表 8.1 所示。

表 8.1　SPESA 算法参数说明

符号	定义
$M_p(i)$	任务 $J_i(i=1, 2, \cdots, n)$ 所映射的处理器
$V_{Number}(P)$	处理器 $P(P=1, 2, \cdots, m)$ 所拥有的电压级别数
$M_v(i)$	任务 J_i 所映射的电压级别，电压级别越高，对应的电源电压也越高

续表

符号	定义
$E(J_i, P_j, V_k)$	任务 J_i 在处理器 P_j 中以电压级别 V_k 运行的能耗
$t(J_i, P_j, V_k)$	任务 J_i 在处理器 P_j 中以电压级别 V_k 运行的时间
S	任务调度策略，由任务调度顺序、电压级别和执行能耗等变量组成。

基于表 8.1 中的参数定义，接下来给出 SPESA 的算法描述，如算法 8.4 所示。

Algorithm 8.4　SPESA 算法

输入：具有任务优先级的任务图和任务映射
输出：任务调度结果

Begin

(1)　　 *zoomEnable←*1//进行初始化缩放标志位

(2)　　 *mark←*−1//初始化缩放优先级最高的任务

(3)　　 *optEnergy←*∞ //当前最优能量初始化

(4)　　 *execEnergy←*∞ //本次的执行能量初始化

(5)　　 **For** *all J_i* **Do**//首先将每个任务赋值为最高能耗

(6)　　　　 $Mv(i) \leftarrow V_{Number}(Mp(i))$

(7)　　 **End For**

(8)　　 *execTime←PLSA（Mp，Mv，execEnergy）*//通过 PLSA 算法进行调度，得到任务执行时间

(9)　　 **If** *execTime≥tdeadline* **Then**//如果任务执行时间大于截止期，则本次调度不成功

(10)　　 **return** *execEnergy*

(11)　　 **End If**

(12)　 *curEnergy←execEnergy*//否则记录当前执行能量，并进行电压缩放

(13)　 **While** *zoomEnable≠*0 **Do**//如果可以进行缩放，则执行以下操作

(14)　　 *maxPriority←*−1

(15)　　 **For** *all J_i can reduce voltage level* **Do**//对所有能够进行电压缩放的任务，执行如下操作

(16)　　　　 *execTime←PLSA（Mp，Mv(i)−1，execEnergy）*//对其降低一个电压级别，并用通过 PLSA 算法进行调度，计算任务执行时间

(17)　　　　 **If** *execTime≤tdeadline* **Then**//如果本次缩放可行

(18)　　　　　 Calcute the *ZoomPriority（i，Mv(i)）using*（4.9）//采用公式（4.9）计算缩放优先级

续表

（19）	**If** *maxPriority*<*ZoomPriority*(*i*，*Mv*(*i*))**Then**//保存当前缩放优先级最大的任务
（20）	*maxPriority*←*ZoomPriority*(*i*，*Mv*(*i*))
（21）	*mark*←*i*//记录当前最优缩放任务
（22）	*optEnergy*←*execEnergy*//记录最优能量
（23）	**End If**
（24）	**End If**
（25）	**End For**
（26）	**If** *maxPriority*>0 **Then**//如果系统中存在最优缩放任务
（27）	*Mv*(*mark*)←*Mv*(*mark*)-1//对该任务降低一个电压级别
（28）	*curEnergy*←*optEnergy*//记录最优执行能量
（29）	**Else**//如果没有缩放任务，由返回缩放前能量
（30）	**return** *curEnergy*
（31）	**End If**
（32）	**End While**
End	

SPESA 算法第（1）至第（4）步进行初始化，第（5）至第（7）步将所有任务赋以最高电压，第（8）步采用优先级链表调度算法（Priority List Schedule Algorithm，PLSA）进行任务调度，该算法是个多项式时间任务调度算法。算法根据任务映射、电压级别和任务优先级等输入信息，输出任务调度策略、执行时间和能耗，不能调度则返回一个无效值，在下一小节中对其进行详细描述。

算法第（9）至第（11）步对最高电压级别的调度结果进行判断，如果执行时间大于等于截止时间，说明该调度不存在缩放空间，返回调度能量［第（10）步］。

算法第（13）至第（32）步进行电压反复缩放过程。第（15）至第（25）步对每个可以缩放的任务进行如下操作：

降低一个电压级别后进行优先级链表调度［第（16）步］，如果满足截止期［第（17）步］，则计算任务 J_i 在当前电压下的缩放优先级。优先级计算综合两方面因素，一是任务降低一级电压级别所节约的能量，二是处理器在当前情况下进行电压调节所带来的节能效果，如式（8.9）所示。

$$ZoomPriority(i,k)=K_{coe} \cdot (E(J_i,P_j,V_k)-E(J_i,P_j,V_k-1)) \cdot$$

$$\frac{E(J_i,P_j,V_k)-E(J_i,P_j,V_k-1)}{t(J_i,P_j,V_k-1)-t(J_i,P_j,V_k)}$$

$$=K_{coe} \cdot (E(J_i,P_j,V_k)-E(J_i,P_j,V_k-1))^2/(t(J_i,P_j,V_k-1)-t(J_i,P_j,V_k))$$

$$(8.9)$$

式（8.9）中，K_{coe}是用于调整数值范围的比例系数，分式分子为电压降低一个级别后所节约的能量的平方，分母为相应操作所增加的任务运行时间。

第（19）至第（23）步记录目前为止最大可缩放优先级及其对应的调度结果。第（26）至第（28）步本次对可行的最优缩放任务降低一个电压级别［第（27）步］，并更新当前最优能耗［第（28）步］，如果没找到可缩放任务则返回当前最优能耗值，算法退出［第（30）步］。

SPESA 算法每次循环迭代都找出一个可行的最优任务进行缩放，直到无法继续进行缩放为止。通过反复迭代，对个体能耗进行优化。

8.3.4　优先级链表调度

优先级链表调度算法（PLSA）根据任务映射、电压级别和任务优先级等输入信息，运行后输出任务调度策略、执行时间和能耗，其描述如算法 8.5。

Algorithm 8.5　PLSA 算法

输入：确定优先级的 DAG 任务图
　　　任务映射及处理器电压级别
输出：包含能量信息的调度

Begin

（1）$execTime \leftarrow 0$ //初始化执行时间

（2）$execEneger \leftarrow 0$ //初始化执行能量

（3）$S \leftarrow \varnothing$ //初始化调度方案

（4）**For** all J_i **Do**　//对每个任务进行初始化操作

（5）　　$startTime(J_i) \leftarrow 0$ //初始化开始时间

（6）　　$endTime(J_i) \leftarrow \infty$ //初始化结束时间

（7）　　$Mv(i) = V_{Number}(m_p(i))$//初始电压为最高电压级别

（8）**End For**

续表

(9)	*Insert tasks without incoming edge into priority queue* Q//按染色体确定的优先级，将没有输入边的节点插入到优先级队列 Q
(10)	**While** $Q \neq \varnothing$ **Do**
(11)	$J_i \leftarrow$ DeQueue（Q）；//弹出队列 Q 中的第一个任务 //计算任务 J_i 的开始时间，取任务到达时间和处理器空闲时间的较大值
(12)	$startTime(J_i) \leftarrow \max\{startTime(J_i)$, Free Time of processor which J_i mapped$\}$
(13)	$endTime(J_i) \leftarrow startTime(J_i) + t(i, m_p(i), m_v(i))$//计算结束时间
(14)	$execEneger \leftarrow execEneger + E(i, m_p(i), m_v(i))$//计算执行能量
(15)	**For** all the J_i's child J_j **Do**//对任务 J_i 的所有孩子节点 J_j，执行如下操作
(16)	**If** J_i and J_j mapped on the same processor **Do** //如果任务 J_i 和任务 J_j 分配在同一处理器上
(17)	$startTime(J_j) \leftarrow endTime(J_i)$；//不用考虑通信开销，任务 J_i 的结束时间即为 J_j 的开始时间
(18)	**Else**//如果两任务分配在不同处理器
(19)	$startTime(J_j) \leftarrow endTime(J_i) + comTime(i, j)$；//需要加上通信开销
(20)	$execEneger \leftarrow execEneger + P_c \times comTime(i, j)$；//同时需要加上通信代价
(21)	**End If**
(22)	Remove the communicate edge $C(i, j)$ //移除任务 J_i 和 J_j 间的通信边
(23)	Insert tasks J_j into Q if it has no incoming edge//如果任务 J_j 没有输入边，则将其压入队列 Q
(24)	**End For**
(25)	Sort tasks with priority of gene//对队列 Q 中的任务进行优先级排序
(26)	**If** $endTime(J_i) > execTime$ **Do**//如果任务 J_i 的结束时间大于当前执行时间
(27)	$execTime \leftarrow endTime(J_i)$ //则更新任务执行时间
(28)	**End If**
(29)	Update(S) //更新本次调度
(30)	**End While**
End	

算法第（1）到第（8）步进行初始化，其中前三步是对算法的执行时

间、执行能耗及最终调度结果进行初始化，第（4）到第（8）步对每个任务的初始状态初始化，包括其到达时间、结束时间以及执行电压级别。在第（7）步将初始电压级别统一设为最高电压。

算法第（9）步将所有入度为零的任务压入优先级队列 Q 中，其优先级是按染色体中的基因来决定的。

从第（10）步开始，算法进入调度过程，首先将 Q 中的顶端任务弹出，在第（12）步中计算该任务的开始时间，它取任务的到达时间与处理器空闲时间的最大值，然后根据任务在当前处理器的当前电压级别下的执行时间和功耗，计算任务 J_i 的结束时间以及目前为止的调度总能耗。

算法第（15）到第（24）步对任务 J_i 的所有直接后继任务的相关参数进行更新。第（16）步用来判断该后继任务 J_j 是否与其父节点 J_i 分配在同一个处理器上，如果在相同处理器上执行，由于不考虑两个任务之间的通信开销，从而任务 J_j 的到达时间更新为任务 J_i 的结束时间［第（17）步］，如果在不同处理器上，那么任务 J_j 的到达时间更新为任务 J_i 的结束时间加上两个任务之间的通信开销［第（19）步］，并在第（20）步将通信的能耗加入到系统总能耗当中。在对任务 J_j 完成参数更新之后，将它与任务 J_i 的通信边删除［第（22）步］，同时将任务 J_j 加入队列当中［第（23）步］。

在对任务 J_i 处理完成之后，将其直接后继节点添加到队列 Q，并按照基因所确定的优先级对队列 Q 中的任务进行重新排序［第（25）步］，为下一轮循环操作做好准备。

第（26）步到（29）步处理本次对任务 J_i 的调度结果。它首先比较在对任务 J_i 进行调度之后系统的执行时间是否增加（第（26）步），如果增加了，则用任务 J_i 的结束时间更新当前系统执行时间［第（27）步］，否则对系统执行时间不做处理。最后在第（29）步对系统的调度策略进行更新。

至此，PLSA 算法循环结束［第（30）步］。

8.3.5　算法复杂度分析

ESIGSP 算法宏观上通过遗传迭代来实现，算法第（5）步 while 循环的最大的迭代次数为 $ITERMAX$，在每次迭代过程中，对每个个体都要调用 SPESA 算法进行能量最优调度，遗传算法共产生 P 个个体，从而每次迭代过程 SPESA 算法都需要执行 P 次。

SPESA 算法由两层循环构成，内层 For 循环对每个任务进行电压逐级缩放，缩放后进行一次优先级链表调度。算法共有 n 个任务，每个处理器电压级别数为 N_v，则最大缩放次数为 $n \cdot N_v$。PLSA 算法本质上是一种优先级链表调度算法，其时间复杂度跟任务数 n 直接相关，为 $O(n)$，则 SPESA 算法内层循环的复杂度为 $O(n^2 \cdot N_v)$。

SPESA 算法外层 while 循环的退出条件是所有任务都不能进行缩放。由于每次循环至少执行一次缩放操作，所以 while 循环的最大执行次数也为 $n \cdot N_v$，结合内层循环的复杂度可知，SPESA 算法的整体复杂度 C_{SPESA} 为 $O(N_v^2 \cdot n^3)$。

ESIGSP 算法第（9）步执行排序操作，对所有个体进行排序，采用简单排序算法，时间复杂度为 $O(P^2)$，第（10）至第（12）步的选择、变异、交叉均根据个体数目进行相应操作，复杂度均为 $O(P)$，第（13）步的更新操作对新产生的个体执行 SPESA 算法，根据新个体的调度能耗从而判断是否需要更新，因此更新操作的时间复杂度为 $O(P \cdot C_{\text{SPESA}})$。

根据以上分析，ESIGSP 算法的总的时间复杂度 C_{ESIGSP} 如式（8.10）所示。

$$C_{\text{ESIGSP}} = O(ITERMAX \times (P \times C_{\text{SPESA}} + P^2 + P + P \times C_{\text{SPESA}})) \quad (8.10)$$
$$= O(ITERMAX \times (P \times N_v^2 \times n^3 + P^2))$$

由式（8.10）可知，本章所介绍的算法是属于多项式时间的，通过对每个个体进行优化节能调度可以有效减少遗传算法迭代次数，从而可以在有效时间内求解异构 MPSoC 节能调度问题。

8.4 模拟实验及结果分析

现有给定任务划分下的节能调度算法研究中，美国加州大学欧文分校 Gorjiara. B 等在文献［41］中提出的 ASG-VTS 算法以及英国南安普顿大学 Marcus. T 等在文献［42］中的提出的 EE-GLSA 算法是两个比较经典的节能调度算法。我们将 ESIGSP 算法与这两个算法进行对比，比较的参数是节能调度中所关注的节能率和时间开销。其中节能率为算法调度能耗相对于最大调度能耗的节能比例，其值越大代表节能效果越好。

8.4.1　实验方法

实验采用 TGFF（Task Graphs For Free）工具随机生成 20 个任务图。TGFF 是一个开源的用于产生伪随机调度任务的工具，可以根据用户的输入参数随机产生包含各种不同信息的 DAG 图。任务图中节点个数是从10～100 的随机数，任务的平均执行时间为 10，平均通信时间为 5。每个模拟系统包含 3～8 个性能不同的异构处理单元，并且每个处理单元具有 3 个动态电压级别，分别为 2.1，2.6，3.3，处理器的阈值电压为 0.8。处理单元以最大电压 3.3 运行时的功耗为 P_{vmax}，是一个均值为 100 的随机数，其他级别电压 V_{dd} 所对应的功耗 P_{vdd} 通过式（8.1）和式（8.2）以及其与最大电压 V_{max} 的对比关系得出公式（8.11）。

$$P_{vdd} = \frac{V_{dd} \times (V_{dd} - V_t)^2}{Vt_{max}^2 \times P_{vmax}} \tag{8.11}$$

采用随机方法对任务图进行划分，然后分别采用三个算法在该划分下进行节能调度，记录各算法的节能率和时间开销。为了增强算法对比的可信度，本章对每个任务图都进行多次（取五次）随机划分，比较算法的平均节能效果。本实验采用 C++在 Windows 系统环境下仿真实现，实验硬件平台为 Pentium IV/3.2-GHz/512-Mbyte RAM。

8.4.2　实验结果及分析

表 8.2 显示了 ESIGSP 算法、ASG-VTS 算法以及 EE-GLSA 算法针对不同任务图的算法节能率和运行时间。

表 8.2　算法节能率和运行时间对比

任务图	节点/边/处理器	节能率/%			运行时间/ms		
		ESIGSP	ASG-VTS	EE-GLSA	ESIGSP	ASG-VTS	EE-GLSA
tgff1	25/28/4	44.0729	5.52431	21.8396	2375	969	161844
tgff2	10/9/3	46.4695	15.7996	25.5017	422	74	9703
tgff3	35/41/5	53.9191	24.5676	30.9122	4593	4110	215469
tgff4	41/47/6	43.0892	16.2109	21.9126	5084	4602	407891
tgff5	92/110/8	51.3321	33.1515	24.6354	41094	37500	20697600

续表

任务图	节点/边/处理器	节能率/%			运行时间/ms		
		ESIGSP	ASG-VTS	EE-GLSA	ESIGSP	ASG-VTS	EE-GLSA
tgff6	15/16/3	28.9992	9.56077	20.1132	1063	766	14296
tgff7	67/80/6	48.6408	24.5331	34.5243	22437	15891	4367100
tgff8	34/40/3	38.2585	28.8712	31.6236	3812	3609	414782
tgff9	13/14/3	31.4812	17.2569	23.0424	1021	470	13391
tgff10	21/24/4	44.864	23.59	29.2729	1828	659	153344
tgff11	29/34/7	46.1845	27.0486	39.3691	4109	3578	255563
tgff12	51/62/6	40.8862	15.5742	27.658	8188	6032	1062450
tgff13	84/102/6	52.5357	17.8244	37.5759	31922	31484	12624000
tgff14	42/49/4	43.1243	16.6211	31.9126	5687	4469	432643
tgff15	57/69/4	57.5739	47.0476	44.9562	10938	7500	2591830
tgff16	88/106/6	58.2052	35.5576	44.7613	37406	32406	16326000
tgff17	77/94/6	51.8048	12.0202	35.5241	28969	24953	8182000
tgff18	62/74/5	31.1719	16.3648	23.8462	18469	12156	3139840
tgff19	12/13/4	43.4895	19.9898	30.01	1187	188	12687
tgff20	36/42/4	24.9994	4.29301	17.919	4794	4453	344219
平均值		44.0551	20.57036	29.84552	11769.5	9793.45	202986

从表 8.2 中的实验结果可以发现，ESIGSP 算法的运行时间比 ASG-VTS 算法略大，但比 EE-GLSA 算法要快近 20 倍；在节能率方面，ESIGSP 算法比 ASG-VTS 算法高出约 19.5%，比 EE-GLSA 算法高出约 14.2%。

图 8.5 中给出了 ESIGSP 算法、ASG-VTS 算法以及 EE-GLSA 算法的节能率曲线图。

由图 8.5 可以看出，ESIGSP 算法较另外两种算法具有更好的节能率，原因如下：

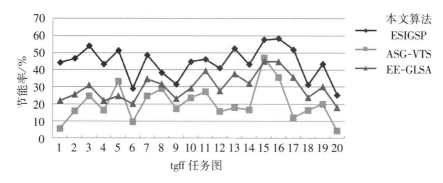

图8.5　三种算法节能率对比

（1）ASG-VTS 算法根据任务的能量梯度和执行时间，随机提升或降低处理器的电压模式。能量梯度越大、执行时间越小则电压降低的可能性就越大。然而，这两个指标往往会存在矛盾，能量梯度大的任务执行时间相对也会较大。通过这两个参数确定电压缩放优先级的方法难以确定较优缩放策略，在三个算法中节能效果最差。

（2）EE-GLSA 算法受制于遗传算法的固有缺点，容易早熟而陷入局部最优，从而错过较优调度策略。

（3）本章算法对传统遗传算法在选择算子和种群更新机制上进行改进，扩大了解空间，在一定程度上克服了传统遗传算法过快收敛于局部最优解的缺点；同时采用 SPESA 算法对每个可行解进行基于缩放优先级的节能调度，避免了 ASG-VTS 算法因为随机选择缩放而错过较优解的可能性，在节能率上明显优于前两种算法。

由表8.2中算法时间开销对比可以看出，EE-GLSA 算法的运行时间相对另外两种算法来说，高 1～2 个数量级。这主要是因为 EE-GLSA 算法采用传统遗传算法进行外层循环，由于收敛效果不佳导致循环次数过多；同时 EE-GLSA 算法采用 PV-DVS 算法进行电压缩放，该算法根据截止期来计算每个任务可缩放的时间片，并且在每次缩放过程中以步长 t 对任务进行微调，然后更新所有任务参数，算法时间复杂度过高。

考虑到 EE-GLSA 算法与 ESIGSP 算法、ASG-VTS 算法的时间复杂度不在同一数量级上，一起比较难以准确观测另外两个算法的运行时间效果，因而在图8.6中对后面两个算法的运行时间开销进行了对比。由于调度算法运行时间随着任务数目增加而增长，为了更清晰地表示对比结果，图 8.6 根据任务数大小将测试集分为两个子图进行显示。

由图 8.6 可见，两个算法运行时间上位于同一数量级，但 ASG-VTS 算法略快于 ESIGSP 算法。究其原因，ASG-VTS 算法虽然在电压模式的选择过程较为复杂，但是没有涉及遗传操作，通过一个简单的外层循环迭代即选取出较优能耗模式，该算法以降低节能效果的方式换取系统的较低运行时间；ESIGSP 算法采用遗传操作进行寻优，这个过程较为耗时，与简单循环迭代操作有数量级的差别，但采用计算缩放优先级的策略来进行电压缩放，在一定程度上缓和了遗传算法的计算复杂度。本章算法以较小的时间代价，换取了节能效果的显著提升。

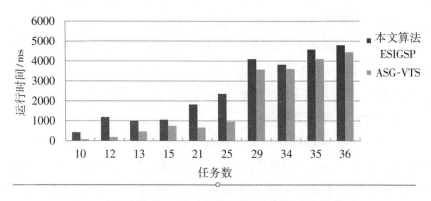

（a）任务数 10～36 情况下的运行时间变化情况

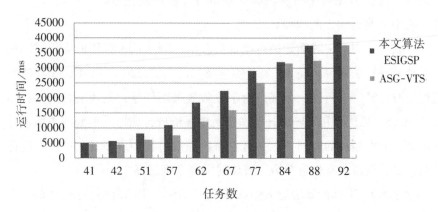

（b）任务数 41～92 情况下的运行时间变化情况

图 8.6 ESIGSP 和 ASG-VTS 运行时间对比

8.5　本章小结

能耗已成为制约异构 MPSoC 发展与应用的瓶颈。本章首先探讨了 MPSoC所面临的能耗问题，在研究国内外研究基础该上，对异构 MPSoC 节能调度模型进行了描述，分别给出了任务、能量和系统模型；然后基于改进的遗传算法和 DVS 技术，提出了一种面向异构 MPSoC 的节能调度算法；最后对本章提出的算法进行对比分析，实验结果表明了本章算法在系统节能方面的有效性。

第九章　异构多处理器温度感知调度算法

能量密度的增加带来了芯片温度的提升，它已成为集成芯片面临的一个重要问题。芯片温度升高不仅直接降低处理器生命周期，还对系统性能及使用舒适度产生重要影响，限制了异构 MPSoC 在嵌入式领域中的应用推广。然而，现有的节能调度方法与温度优化技术在机制上存在差异，需要针对系统温度特性进行调度算法研究。本章首先探讨处理器所面临的温度挑战，在分析相关研究方法的基础上，考虑处理器的漏极功耗，设计更为实际的温度模型，在此基础开展温度感知调度算法进行研究，以实现异构 MPSoC 的峰值温度最小化。

9.1　引言

9.1.1　处理器温度挑战

在计算机研究领域，对处理器性能的追求历来是领域专家的第一目标，随着处理器的结构越来越复杂，出现了超级计算机、流处理器以及超长指令集机器等。另一方面，随着半导体技术的飞速发展，在单位面积上集成的晶体管数量按照摩尔定律逐渐增加，处理器芯片的主频也不断提高，同时单个芯片能集成的处理器内核也越来越多。随着性能的增强，芯片所产生的能耗越高对于其散热要求也越高。此外，随着处理器频率的增加，芯片单位面积的能耗就越多，这样使得处理器总的能耗也显著增加。

2010 年 Mohamed 在 CSCI-GA 会议中提到在目前的半导体技术下，每平方厘米芯片的能耗已经达到核反应堆产生的能量，在可见的未来，该能耗可能会超越火箭喷射口的尾焰能量，将与太阳表面的能量相当。目前的散热方法仍是采用散热片加风冷的方式，对于高端台式机和超级计算机而言也有采用水冷的方式。目前我国的国家超算长沙中心的"天河一号"超级计算机采用风冷的方式，国家超算无锡中心的"太湖之光"超级计算机采用水冷方式。每年两个中心的电费，有相当一部分用于支付冷却费用。

过高的温度对系统的可靠性带来了挑战，随着温度的增加电子器件的老化程度会呈指数级增加，同时电子元器件有可能被击穿和出现电子迁移等现象。同时芯片本身会因温度的升高而不可靠、使用寿命缩短。在实际的应用中，出现了因温度问题而带来产品失败的案例。在处理器设计之初，就需要考虑温度问题，因为其结构的复杂程度和核心数量决定了其相应的基本属性。因此，处理器芯片的架构师应在早期就关注温度控制的问题，对其进行精确的热分析，采用有效的温度控制策略。但在该阶段进行热分析并不容易，因为温度的升高和降低是一个非线性问题，其方程是一个非线性方程，无法对其模拟，而目前也没有适用于芯片热分析的精确模拟器。在热分析中需要知道材料的热容以及热阻等参数，这里参数与具体的材料和封装环境等有很大的关系。采用仿真方法不能对芯片进行准确的热分析。在设计阶段进行温度控制非常困难，而从任务调度的层面进行温度控制变得更为有效和重要。

采用能量管理策略，在降低系统功耗的同时，可以降低能量的密度，这有益于降低系统处理器温度。仅仅降低系统的功耗，并不一定能使得温度降低，两者之间没有直接关系。比如，当一些处理单元任务不饱和时，可以将其关闭以降低系统功耗，但这些任务会分配给其他处理单元，从而增加能量密度。传统的节能调度通常会利用处理器的空闲时间，在处理器不使用时将其关闭，这不会对系统的性能有太大影响。温度调节则主要针对任务超载的处理器，这时对其采用节能调度可能会对系统的性能造成很大的影响。当前主流的节能技术主要是进行能源的效率管理，而不是针对处理器的散热带来的温度问题，可见节能技术对温度的影响较为有限。温度的升高是个超期并较为缓慢的过程（相较于处理器的性能而言），仅当处理器的能耗降低情况持续较长的时间，节能调度算法对温度的影响才会产生比较明显的效果。为此，采用相同的节能调度算法，温度感知的调度可能产生不同的效果，甚至产生相反的作用。

9.1.2 温度调度相关研究

当前大部分工作采用降低处理器工作电压、降低其工作频率或者增加处理器的空闲时间来降低系统能耗，这是因为处理器的能耗降低了，被调节的处理器温度就会降低。尽管许多研究人员都采用 DVS 技术来减少系统的能耗，但是能耗和温度的调节有很大的不同，不能将其混为一谈。节能的调度算法，不一定能降低单个处理器的峰值温度。

对于温度感知的任务调度，最近许多研究者陆续开始相关研究。Kumar 等结合软硬件技术给出了一种温度管理方法。软件部分（如操作系统）使用进程/线程的任务优先级队列，队列的优先级在通常的任务重要性基础上，增加了温度特性。文中通过温度估计模型计算任务的执行温度，对超过了预定阈值的"热"任务赋予较低优先级，其他任务赋予较高优先级。硬件部分采用处理器的性能计数器，操作系统通过查询该计数器而监测任务的实时温度，从而判断该任务是否为"热"任务。同时时钟门作为故障安全机制，从而避免热量突发事件。文中指出，使用软硬件结合的技术在消耗 9.9% 的性能的同时温度下降 4.0 ℃~10.5 ℃。

Wu 等提出了软实时多核系统的温度感知调度算法，即低温度贡献截止时间优先调度算法。根据核的温度和线程的热贡献，该算法采用线程迁移和交换，以避免热饱和，并保持所有内核之间的温度平衡。模拟结果表明该算法不仅能最大限度地减少峰值温度，而且能保证实时性。此外，它可以创建比其他温度感知算法更均匀的能耗密度曲线，并显著降低线程迁移频率。Chrobak 等致力于操作系统级别的微处理器温度管理的调度问题。处理器的温度由硬件温度管理系统控制，该系统可持续监控芯片温度，并在超过温度阈值后自动降低处理器的速度。同时其专注于在简化的冷却和温度管理模式下，进行实时作业调度。建立一个给定单位长度的工作集合，每个工作都按其释放时间、截止时间和热贡献来描述。该方法能在截止时间内完成任务，并且使处理器温度不会超过阈值。

Zhan 等提出了实时多核系统温度感知任务调度算法，该算法通过分析工作负载信息和多核利用率，将 DVFS 和能量平衡相结合。首先，计算任务的平均利用率。其次，根据工作量提出平衡策略，以均匀核的温度分布。最后，调整资源分配和采用 DVF 以将任务调度到每一个内核进行处理。Chien 等在团队研发的 Criticore 平台上提出了一种主动热管理调度方法，以避免系统温度太高。在 Criticore 平台上，通过温度传感器和电源管理电路（Power Management Circuit，PMC），其提出的方法可以将任务进行线程的调度，以防止系统过热。此外，还提出了一种新的线程迁移方法，以提高系统的可靠性。该迁移方法通过自适应策略对系统紧急情况进行快速响应和处理。该方法可以降低系统的峰值温度至少 2 ℃ ～5 ℃。Qaisar 等提出了一种在线温度感知调度技术，在固定环境温度下，该技术基于动态温度测量使系统达到负载均衡。与采用温度预测方法的静态技术相反，建议的技术不需要任何负载的发热历史记录，并且在负载信息未知的情况下，仍然能有效工作。此外，它可降低能耗，避免核心之间的工作负载切换所带来的延迟。实验结果表明，与常用技术相比该技术将系统的整体温度降低 5%，热循环降低 3%，并能有效降低时间和空间梯度。

许多温度感知任务调度技术考虑处理器核或功能单元之间的空间相关性，通过负载均衡来实现温度感知调度。Yang 等在任务调度过程中考虑热行为的时间相关性，选择合适的线程来维持微处理器的温度低于 DTM 阈值温度。虽然在一个处理器核上运行的应用程序组合相同，但应用程序的执行顺序对微处理器的温度影响很大。

如图 9.1 所示，假设运行队列中有一个热任务和一个冷任务，微处理器先执行热任务然后执行冷任务（hot-cool 执行顺序）比先执行冷任务然后执行热任务（cool-hot 执行顺序）的温度增长要低。基于这一观察，本书提出的调度算法每次都是执行不引起热冲突的最热线程，该策略较少地使用 DTM 的紧急处理，提高了系统平均性能。

嵌入式/实时应用已经有许多研究。在实时应用中，任务应该在预定的截止期之前完成，否则，应用程序不能满足服务要求。嵌入式应用同时也有能耗的优化目标。嵌入式/实时应用的温度优化过程与高性能处理器的不同，更注重温度和能耗的优化。

Chen 等针对周期实时系统提出了一种温度最小化技术。该文扩展了 Aydin 等提出的基于最早截止期优先的算法，使用 Vazirani 的 n-近似算法来进行任务调度。对于单处理器系统，该文采用了 2.719-近似算法，以尽量

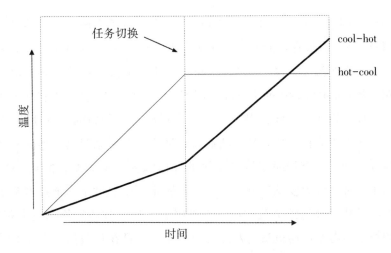

图 9.1 任务执行顺序对温度的影响

减少离散的电压/频率系统中的最高温度。文中在单处理器基础上采用最大任务优先（Largest Task First，LTF）算法进行扩展，使其适用于 MPSoC，提出了 3.072-近似算法。

Huang 等提出了嵌入式系统的热感知任务分配和调度算法。该算法在软硬件协同设计过程中用于降低峰值温度，并在满足实时限制的同时实现温度均匀分布，着重研究了对任务分配和调度的能耗感知和温度感知方法。实验结果表明，温度感知方法在最大温度和平均温度降低方面优于能耗感知方法。他们首次提出了考虑温度的任务分配和调度的算法。

Jayaseelan 和 Mitra 考虑软实时任务和尽力而为任务，通过查询实时任务的预测执行时间，提出了一种温度感知的调度技术。首先对实时任务进行调度，然后在温度调整阶段计算下一阶段的时序余量以及起始温度。温度调整阶段的目的是确保实时任务的执行温度低于阈值温度。对于尽力而为的任务，采用循环调度的方式来保证微处理器的温度保持低于阈值。本章给出的仿真结果显示算法在系统吞吐量方面优于 DVS 和时钟门控算法。

Coskun 等使用整数线性规划方法，提出了一种面向 MPSoC 的实时任务调度技术，给出的技术考虑热点和空间热梯度两个因素。为了最大限度地减少热点，提出的方法减少了热紧急状态下（取 85 ℃）的持续时间。为了同时最大限度地减少空间热梯度，当对任务进行分配时，首先选择那些还没有分配任务的处理器核，平衡了每个处理器核的温度。与节能调度技术相比，这个方法减少了热紧急状态的持续时间，同时很大程度上减少了空间热梯度。基于温度传感器所测量的温度和 coolest-FLP 技术，将任务放在最冷的处理器核上执行，从而提出了针对不确定运行时任务的调度算法。仿真结果显示该文的调度方法降低了热紧急的持续时间。

Fu 等提出了基于滑动窗口模型的动态温度感知任务调度策略，根据当前和历史温度计算每个核心的任务分配概率，然后选择概率最大的内核执行任务。如果多个内核的概率相同，则调度器将任务优先分配到邻近的单元中平均温度最低的内核。实验结果表明，该调度策略可以降低热点，减少各单元的时空温度变化，使得平均温度相对较低且温度分布更加均衡。

王等人提出一个有效地降低嵌入式系统峰值温度的任务划分方法，在该嵌入式系统中，运行一系列具有相同周期的异构任务或者具有单独周期的异构任务。对于一般周期任务，实验结果表明，与仅使用任务排序的算法相比，该文的任务划分算法能够将峰值温度降低 5.8 ℃。对于具有单独周期的任务序列，与简单的 EDF 调度相比，EDF 调度还可以将峰值温度降低 6 ℃。

Zhe 等研究了高端多处理器系统片上的温度冷却和节能算法，提出了温度感知的漏电流优化算法，进行系统上的任务调度。该算法将高优先级任务分配给最冷的处理器，从而减少了温度-电耦合漏电流功耗。与 TALK 和传统的 DVS 算法相比，实验表明该算法的能耗效率更优。

Taheri 等认为带有温度热约束的任务调度和资源管理是用于控制系统温度曲线的实时方法，在其研究中，采用马尔可夫奖励模型对提出的一种新的芯热管理方法进行建模和评估。该方法可以减少热点并平滑多核系统的温度曲线，虽然与以前的方法相比系统的性能有所下降，但是其能减少温度的变化和热点的产生，进而使得温度不超过系统所允许的峰值。

已有的温度感知调度，大部分都是在峰值温度的限制下对系统性能进行优化。对于单处理器，Wang 和 Bettati 提出了一个被动的两级速度策略来在温度限制下进行任务调度，并提出了一个主动的温度管理策略来保证任务的截止期。Mutapcic 等在任务和温度限制下进行能量最小化调度。由于在 MPSoC 下进行温度最优化调度是一个 NP 难问题，许多研究者在不同最优化目标下给出多种启发式算法。例如，Rao 等在温度限制下，考虑不同处理器核的速度来使得系统吞吐率最大。Jung 等在最高温度限制下，使用 DTM 技术来实现能量最小化。这些研究都是在温度限制下进行其他目标最优化的调度，他不是直接以降低峰值温度为目标。

关于以降低峰值温度为目标的任务调度，Bansal 等最先进行了相关研究工作，在信号处理器上使用连续的动态速度缩放来最小化峰值温度，另外，Sun 等基于三维晶圆结构的 MPSoC 系统，提出了一个温度感知的任务分配和电压选择算法，然而，该算法只考虑了同构 MPSoC 处理器。在这些调度算法中，大部分算法没有考虑电源电压、漏极功率和温度三者之间的依赖关系，只有个别研究者在系统分析中将这些因素考虑进来。然而，由于模型和工具的复杂性，也没有提出更为严格的调度技术。一些研究者假定漏极电流随温度线性变化，但它实际也受电源电压的影响。由 Quan 等提出的漏极/温度模型比较符合实际情形，但作者采用该模型进行温度限制下的任务调度，而不是最小化峰值温度。作者后续对其进行改进，针对存在的问题，提出了最小化峰值温度调度的一些参考规则。

9.1.3　本章方法

本章将电压、漏极功率和温度综合考虑，使用 DVS 技术来设计温度感知的启发式算法，实现 MPSoC 系统峰值温度的最低化。本章的主要工作如下：

（1）考虑电压、漏极功率和温度之间的关系，建立一个更实际的温度模型，并提出了一个启发式算法来最小化 MPSoC 中的峰值温度。

（2）选择具有最高温度的任务，使用 DVS 技术对其电压进行缩放。如果当前状态不能进行再次缩放，则随机地重新分配任务到其他处理器上。通过反复选择最优的调度方案，从而有效地对系统峰值温度最小化。

9.2　系统模型和问题定义

9.2.1　任务模型

本章同样采用 DAG 图作为任务模型，采用二元组 $G(J, C)$ 来表示。

它描述了一个有向无环图，每个节点表示一个任务，节点之间的有向边表示任务之间的数据依赖。$J = \{J_1, \cdots, J_{Nt}\}$ 是一个包含 N_t 个任务的任务集，对每个映射到某个处理器 P 上的任务 J_i，它在该处理器上的最坏执行时间为 $E(J_i, P)$。通信边集合是 C，边 $C(i, j) \in C$ 表示具有直接依赖任务之间的通信代价。如果 J_i 与 J_j 之间存在通信边，那么任务 J_j 需要等待 J_i 执行完成并完成数据传输之后才能开始执行。如果两个任务分配在同一个处理器上，则它们的通信代价为 0。任务集合 J 的周期为 T_J，释放时间为 R_J，截止期为 D_J。

由于本章中考虑的温度感知调度，同一任务在不同处理器上不仅执行时间不同，任务执行时的温度方面也存在差异，所以还需要计算任务执行时温度与处理器之间的对应关系，其计算方法在下一小节中给出。

9.2.2　温度模型

使用类似研究中的温度模型。将温度表述为一个线性差分方程，如公式（9.1）所示。

$$\frac{\mathrm{d}T(t)}{\mathrm{d}t} = aP(t) - bT(t) \tag{9.1}$$

式（9.1）中，$T(t)$ 是 t 时刻的温度，单位为 ℃，$P(t)$ 是 t 时刻的功率，单位为焦耳，式中参数 a、b 分别表示为 $a = 1/C_{te}$，$b = 1/(R_{te} \times C_{te})$，其中 C_{te} 表示热容，单位为 J/K，R_{te} 为热阻，单位为 K/W，这两个参数都由处理器决定。

在该模型下，处理器共有 N_k 种不同的电压和频率模型，记作 $m(k) = (v_k, f_k)$，其中 $k = 1, 2, \cdots, N_k$。系统的总功耗 P 是由动态电压和静态电压组成，其计算方法如式（9.2）所示。

$$P = P_{dyn} + P_{leak} \tag{9.2}$$

式（9.2）中，P_{dyn} 是系统的动态功耗，P_{leak} 是系统的漏极功耗。参照文献［48］，认为漏极功耗 P_{leak} 由电源电压和温度共同决定，其中，漏极电流 I_{leak} 可以表述为式（9.3）。

$$I_{leak} = I_s(A \cdot T^2 \cdot e^{(\alpha \cdot V_{dd} + \beta)/T}) + B \cdot e^{r \cdot V_{dd} + \delta} \tag{9.3}$$

其中，T 是温度，参数 A、B、α、β、γ、δ 是经验常数，Liu 等发现采用线性近似的方法来模拟漏极/温度依赖性也可以满足一定的精确性，对该模型进行了简化。在本章中，计算漏极功率为：

$$P_{leak} = (C_0\ (k))v_k + C_1 T \tag{9.4}$$

其中 $C_0(k)C_1$ 是由集成电路决定，v_k 是处理器在 $m(k)$ 模式下的电压，在模式 $m(k)$ 下的总功耗 $P(k)$ 如式（9.5）。

$$P(k) = (C_0(k))v_k + C_1 T + C_2 v_k^3 \tag{9.5}$$

考虑式（9.5），当处理器在模式 $m(k)$ 下运行，式（9.1）能够表达为式（9.6）。

$$\frac{\mathrm{d}T(t)}{\mathrm{d}t} = a(C_0(k)v_k + C_2 v_k^3) + (b - aC_1)T \tag{9.6}$$

令 $A(k) = a(C_0(k)v_k + C_2 v_k^3)$，$B = b - aC_1$，令处理器运行在时间间隔 $[t_0, t_e]$ 内时，相应的温度为 $[T_0, T_e]$，则等式（9.5）的闭形式解如式（9.7）。

$$T_e = G(k) + (T_0 - G(k))e^{-B(t_e - t_0)} \tag{9.7}$$

其中 $G(k) = \dfrac{A\ (k)}{B}$，从等式（9.7）可知，当给定一个起始温度 T_0 和运行模式 $m(k)$，可以方便计算出它的终止温度 T_e。

9.2.3 异构 MPSoC 温度感知调度问题定义

在描述问题之前，在表 9.1 中定义一些将用到的符号。

表 9.1　温度感知调度符号定义

符号	定义
$M_p(i)$	任务 $J_i(i = 1, 2, \cdots, n)$ 映射的处理器
$t_{start}(i)$	任务 J_i 的开始时间
$t_{end}(i)$	任务 J_i 的结束时间
$CP(i)$	从 J_i 开始的关键路径
$M_v(i)$	处理器 $M_p(i)$ 的电压等级，其值越大表示电压越高
$T(J_i, P_j, V_k)$	任务 J_i 在处理器 P_j 上以电压 V_k 运行的温度
$t(J_i, P_j, V_k)$	任务 J_i 在处理器 P_j 上以电压 V_k 运行的时间
S	任务集的调度

根据表 9.1，本章要解决的问题如下：

给定一个周期任务集 $J = \{J_1, \cdots, J_{Nt}\}$，该任务集拥有开始时间 R_J 和截止期 D_J，系统中处理器资源可表示为集合 $PE = \{PE_1, \cdots, PE_{Nm}\}$，每个

处理器能够在 N_k 种不同的电压模式下执行。要解决的问题就是将任务分配到处理器并进行调度，在满足任务执行顺序以及截止期等条件下，最小化系统的峰值温度 T_{peak}。

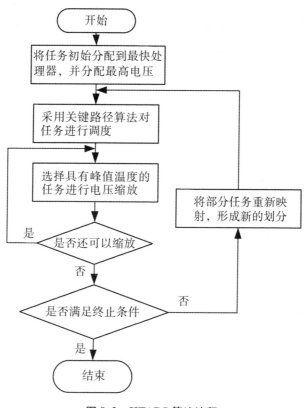

图 9.2　HTADS 算法流程

9.3　基于峰值最小化的启发式温度感知调度算法

9.3.1　峰值温度最小化调度算法

温度感知启发式调度算法采用任务的关键路径作为任务优先级，使用 DVS 技术来实现 MPSoC 下峰值温度最小的调度算法 HTADS（Heuristic Temperature-Aware DVS Scheduling）。HTADS 算法以 DAG 任务图和系统结构作为输入，输出峰值温度优化的调度方案。

算法流程如图 9.2 所示。

如图 9.2 所示，算法首先将任务映射到最快的处理器，并初始化为最大电压，然后使用关键路径调度算法 CPSA（Critical Path Scheduling Algorithm）得到当前任务划分下调度，并计算各个任务的执行温度。算法根据任务的截止期来反复缩放具有最高温度任务的电压，从而实现 MPSoC 的峰值温度最小化。算法 9.1 为 HTADS 算法的描述。

Algorithm 9.1 HTADS 算法

输入：DAG 任务图和系统结构

输出：温度感知调度 S_{opt}

　　　峰值温度 T_{peak}

Begin

（1）　$T_{peak} \leftarrow \infty$ //初始化峰值温度

（2）　$nIter \leftarrow 0$ //初始化迭代次数

（3）　$S_{opt} \leftarrow NULL$ //初始化调度

　　　//将所有任务分配到最快的处理器并分配最高电压

（4）　Assign all the tasks to the fastest cores with maximum voltage level

（5）　**While** $nIter < N_{max}$ **Do** //如果还未达到退出条件

（6）　　$S_{temp} \leftarrow CPSA(M_p, M_v, T, t_{dl})$ //采用 CPSA 进行调度

（7）　　$T_{temp} \leftarrow$ peak temperature of T //记录当前的峰值温度

（8）　　**While** $D_J > t_{dl}$ **Do** //如果还未达到截止期

　　　　　//从可以进行电压缩放的任务中选择具有峰值温度的任务

（9）　　Select the J_i with peak temperature of T, and its voltage level can scale down

（10）　　$M_v(i) \leftarrow M_v(i) - 1$ //对选择出的任务降低一个电压级别

（11）　　$S \leftarrow CPSA(M_p, M_v, T, t_{dl})$ //降低电压后再次用 CPSA 算法进行调度

（12）　　**If** $t_{dl} \leq D_J$ **Then** //如果本次缩放满足任务截止期

（13）　　　$T_{temp} \leftarrow$ peak temperature of T //记录峰值温度

（14）　　　$S_{temp} \leftarrow S$ //记录本次调度

（15）　　**End If**

（16）　　**End While**

（17）　　$nIter++$ //迭代次数加 1

（18）　　**If** $T_{temp}/T_{peak} < 0.99$ **Then** //如果本次迭代改进效果明显

（19）　　　$nIter \leftarrow 0$ //则说明系统可能还有提升的空间，将迭代次数清零

（20）　　**End If**

续表

（21）	$T_{peak} \leftarrow T_{temp}$ //记录峰值温度
（22）	$S_{opt} \leftarrow S_{temp}$ //记录本次调度为最优调度
	//将一半任务随机分配到其他内核，并分配最高电压级别，以进行下次迭代
（23）	Assign 50% tasks to other cores randomly with maximum voltage level
（24）	**End While**
End	

在算法 9.1 中，首先初始化调度参数，并进行任务分配［第（1）至第（3）步］，当 *nIter* 小于 N_{max} 时，算法在第 6 步调用 CPSA 算法进行任务调度。当依然存在可缩放的空间，则选择具有最高温度的任务进行缩放［第（8）至第（16）步］。如果当前缩放成功，则算法记录当前最优缩放［第（12）至第（15）步）］。当在当前任务划分下不能继续缩放时，则当前迭代次数 *nIter* 加 1（第 17 步）。如果当前的改进是显著的（>1%），则将 *nIter* 清零［第（18）至第（20）步］。算法在第（21）至第（22）步更新最优结果，然后随机分配一半的任务到其他处理器上，并初始化为最大电压，然后进入下一次循环［第（23）步］。

9.3.2 关键路径任务调度算法

CPSA 算法采用任务的划分作为输入，根据关键路径计算任务的优先级，然后在优先级限制下对任务进行调度，输出最优调度和它的截止期。算法 CPSA 的伪代码如算法 9.2 所示。

Algorithm 9.2 CPSA 算法

输入：DAG 任务图
　　　任务划分
输出：关键路径调度结果

Begin
（1）$t_{dl} \leftarrow 0$//初始化任务执行时间
（2）**For** all J_i **Do**//对所有的任务，执行以下操作
（3）Calculate $CP(i)$ //计算该任务的关键路径
（4）$t_{start}(i) \leftarrow 0$//任务开始时间

续表

（5）$t_{end}(i) \leftarrow 0$//任务结束时间

（6）**End For**

（7）Insert no incoming edges tasks into priority queue Q, which sorted by non-increasing value of CP//根据任务的关键路径值，以非递增顺序插入到优先级队列 Q

（8）**While** Q is not empty **Do**//当 Q 非空时

（9） $J_i \leftarrow$ DeQueue（Q）；//弹出队列 Q 中的第一个任务

（10） $t_{start}(i) \leftarrow \max$（time of $PE_{M_p}(i)$ is free, $t_{end}(j) + C(j, i)$）
//任务 J_i 的开始时间取对应处理器的空闲时间和其所有父节点的结束时间加上通信时间（分配在同一处理器上时通信开销为 0）的最大值

（11） $t_{end}(i) \leftarrow t_{start}(i) + t(i, M_p(i), M_v(i))$//计算任务的结束时间

（12）   **If** $t_{end}(i) > t_{dl}$ **then**//记录当前的调度总时长

（13） $t_{dl} \leftarrow t_{end}(i)$

（14）   **End If**

（15）   Calculate $T(i, M_p(i), M_v(i))$ using equation（9.7）//使用式（9.7）计算任务的执行温度

（16）   Remove all the edges from J_i, insert no incoming edges tasks into Q
//移除任务 J_i 的输出边，将入度为 0 的任务加入队列 Q

（17）**End While**

算法 9.2 中，在第（1）至第（6）步对算法进行初始化，第（3）步对每个任务计算其关键路径。第（7）步将没有输入边的任务插入到优先级队列 Q 中，该队列根据 CP 值进行非递增排序。while 循环根据任务的优先级对任务进行调度［第（8）至第（17）步］。它首先选择 Q 中的第一个任务 J_i［第（9）步］，然后计算该任务的开始和结束时间［第（10）至第（11）步］。第（12）至第（14）步在必要的时候对调度的截止期进行更新，然后使用公式（9.6）计算任务 J_i 的运行温度［第（15）步］，然后将任务 J_i 的子节点压入到队列 Q［第（16）步］。算法 9.2 结束。

9.3.3　模拟实验及结果分析

9.3.3.1　实验方案

使用文献［48］中的温度和能耗参数，该参数基于 65 nm 技术，其中 $R_{te} = 0.8K/W$，$C_{te} = 340J/K$，$B > 0$，并且 $G(k)$ 是一个关于参数 k 的正的、

单调递增函数。将 HTADS 算法与两个相关算法进行比较，一个是由 Xie 和 Hung 提出的温度启发式算法（称为 Xie & Hung），该算法在每个调度周期都根据温度特性计算任务的优先级。另外一个算法是由文献［49］选择出来的在温度方面表现最好的能量感知启发式算法（称为 Power-aware 算法），该算法是以最小化当前任务的能量为启发式信息进行调度。在双核 3.0 GHz/RAM 2 GB 的 PC 机上用 C++实现这些算法。温度特征的测试集由 TGFF 工具随机生成。

9.3.3.2　算法复杂度对比分析

下面对本章介绍的算法及对比算法进行时间复杂度对比分析。

首先分析算法的复杂度。为便于描述，用 C_{HTADS} 和 C_{CPSA} 来分别表示 HTADS 算法及其子算法 CPSA 的复杂度。

算法 HTADS 的复杂度主要由初始操作和双层循环迭代组成。其中初始化操作的复杂度主要是第（4）步，令任务数为 N_t，则该操作的复杂度为 $O(N_t)$。对于外层 While 的循环，它是在当前划分下对温度进行反复改进［第（8）至第（16）步］，第（9）步共需执行 $O(N_t)$ 次，第（11）步调用 CPSA 算法，时间复杂度为 C_{CPSA}。考虑内层 While 循环，每次迭代都进行一个电压级别的缩放。因而当电压级别数目为 N_k 时，内层循环的总共运行次数为 $O(N_t \cdot N_k)$。在本章中，认为所有处理器具有相同数目的离散级别电压，N_k 是一个较小的常数，迭代次数可简化为 $O(N_t)$。当算法在当前划分下不能继续优化峰值温度时，执行第（17）至第（23）步以保存当前的最优调度结果，并随机生成一个新的划分用于下次循环迭代操作。第（23）步进行随机分配需要的执行时间为 $O(N_t)$。外层 While 循环的最大执行次数是 $O(N_{max})$，从而对于双重循环来说，其总的复杂度为 $O(N_{max}(N_t \cdot (C_{CPSA}+N_t)+N_t))$。考虑初始化所需时间，HTADS 算法总的时间复杂度可表示为 $C_{HTADS}=O(N_t)+O(N_{max}(N_t \cdot (C_{CPSA}+N_t)+N_t))=O(N_{max} \cdot N_t \cdot (C_{CPSA}+N_t))$。

对于 CPSA 算法，其主要包含初始化操作和单层循环两部分。第（1）至第（7）步是算法初始化。令 N_e 为 DAG 图中总的通信边数，则第（2）至第（5）步计算任务的关键路径的时间复杂度为 $O(N_e+N_t)$。第（7）步采用斐波纳契堆来实现优先级队列 Q，它的插入操作复杂度为 $O(1)$，移除

操作是 $O(\log N_t)$。从而，初始化操作的总时间复杂度为 $O(N_e+N_t)$。第（9）步是队列移除操作，时间复杂度为 $O(\log N_t)$。While 循环共执行 N_t 次，循环体内部的执行复杂度为 $O(1)$。从而，CPSA 的复杂度为 $C_{CPSA}=O(N_e+N_t)+O(N_t \log N_t)=O(N_t \log N_t+N_e)$。

结合 C_{CPSA} 可得，$C_{HTADS}=O(N_{max} \cdot N_t \cdot (C_{CPSA}+N_t))=O(N_{max} \cdot N_t \cdot (N_t \log N_t+N_e+N_t))=O(N_{max} \cdot N_t \cdot (N_t \log N_t+N_e))$。从复杂度 C_{HTADS} 可以看出，本章所提的算法具有多项式计算时间，可以被普通计算机上有效地执行。

对于 Xie & Hung 算法和 power-aware 算法，其主要框架都是采用 ASP 算法（Allocation and Scheduling Procedure）。两个算法的主要区别在于在运用 ASP 算法的过程中所采用的启发式信息不同，一个根据温度来计算优先级，另一个以能量为启发信息来计算优先级。

从而，为了计算这两个对比算法的复杂度，首先需要计算 ASP 算法的复杂度，计为 C_{ASP}。ASP 算法的复杂度主要来自对每个任务在相应处理器上的动态关键性计算，当任务数为 N_t，处理器数为 N_p 时，总的动态关键性计算循环次数为 $N_t \cdot N_p$。当动态关键性的计算复杂度为 $O(Dyn)$ 时，Xie & Hung 和 Power-aware 算法的复杂度可表示为 $C_{ASP}=O(N_t \cdot N_p \cdot Dyn)$。当处理器数目相对于任务数较小，并且动态关键性计算复杂度较低时，C_{ASP} 低于 C_{HTADS}，即对比的 Xie & Hung 算法和 Power-aware 算法的复杂度稍微低于本章所提算法。这主要是因为对比的两个算法都是只对处理器和任务进行了一次优先级的计算，没有考虑到处理器的电压缩放功能。

9.3.3.3　温度比较结果

通过对本章算法和对比算法进行实现，并采用随机生成的任务集对算法进行测试，通过统计平均的方法对算法所执行的峰值温度和平均温度进行比较。比较结果如图 9.3 所示。

图 9.3（a）是对峰值温度的比较，图 9.3（b）是对平均温度的比较。图中的横坐标是测试集，包括测试集名及所包含的任务数，纵坐标是温度值，单位是℃。从图中结果可知，能量感知算法目标在于最小化系统能量，在降低温度方面在三个算法中表现最差。Xie & Hung 算法考虑温度的空间行为，通过计算任务与处理器的动态关键性来确定任务计算优先级，

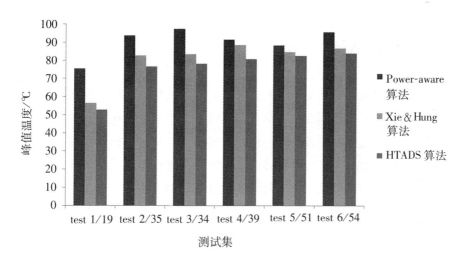

（a）峰值温度对比

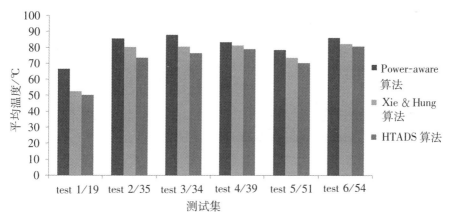

（b）平均温度对比

图 9.3　不同测试集下的系统温度比较

其温度优化效果优于能量感知算法。但该算法在优先级计算过程中只考虑了任务在不同处理器上执行的温度差别，没能考虑到处理器本身的电压调节，因而在降低温度方面效果有限。HTADS 算法使用 DVS 技术来反复缩放峰值温度最高的任务，在温度方面取得了最好的效果。另外，从图 9.3（b）还可以看出，温度感知算法在降低峰值温度的时候也可以降低平均温度。实验结果表明本章算法在降低峰值温度和平均温度上，相对其他两个算法更好。

9.4 本章小结

处理器温度影响其生命周期、使用舒适度及性能等，成为异构 MPSoC 发展需要解决的重要问题。本章考虑漏极、温度以及电压之间的关系，建立了处理器温度模型；首先采用任务关键路径对其进行初始调度，然后使用动态电压缩放技术，对具有峰值温度的任务进行温度优化调度，提出了一个以系统峰值温度最小化为目标的温度感知调度方法。对比实验验证了本章所提算法的有效性。

第十章 任务调度算法应用研究

对于具有可编程资源的异构 MPSoC，其面临的性能、能耗和温度挑战，在前面章节中分别针对这些问题进行了软硬件优化划分、调性调度、节能调度和温度感知调度算法研究。在本章中，将开展算法的应用研究，对所提部分算法进行测试与验证。由于实际开发平台的局限性，依据目前常见的嵌入式处理器，分别对软硬件优化划分算法及节能调度算法进行应用研究与测试验证。本章将首先针对化学计量分析中的"数学分离"算法在嵌入式应用中所面临的复杂计算问题，分析其应用特征，采用通用处理器和可编程资源协同工作的方式进行体系结构设计，在第三章提出的软硬件优化划分算法指导下进行任务划分；由于市面上具有动态电压缩放技术的 MPSoC 芯片并不多见，因此，针对处理器的节能调度问题，采用具有较优能量管理功能的 PXA255 芯片，以 AVS 视频解码任务为应用实例，对第八章的节能调度算法进行验证分析。

10.1 软硬件划分算法应用研究

10.1.1 应用背景

在多种物质共存的干扰情况下，对物质的成分进行快速定量分析是一个复杂的过程。传统采用的是选择性分析方法，对于可能存在的物质成分，通过系列物理化学反应对其进行提取。一般说来，这种方法费时、费力，处理过程非常烦琐，需要使用的反应试剂复杂，并且不能进行实时动态检测，对于复杂的物质组成显得无能为力，应用范围十分有限。

随着化学计量学的发展，分析家们采用多线性分解算法中的多维校正分析方法，结合多通道灵敏检测技术如三维荧光分析技术，采用"数学分离"的方法取代"化学或物理分离",可以对不同领域下复杂成分的物质进行直接、快速检测,同时实现荧光定量分析和复杂体系化学动力学过程荧光实时解析。由于其显著的优势,"数学分离"方法已成为当今生命、医学等科学领域的热门检测技术。

"数学分离"的基本思想是三维数阵分析方法,它的数学基础为三线性成分模型。三线性成分模型可用式(10.1)来描述,其实质是一个三维荧光数据阵,由多组分多样品的三维荧光光谱构成。

$$x_{ijk} = \sum_{n=1}^{N} a_{in}b_{jn}c_{kn} + e_{ijk}, \ (i = 1, 2, \cdots, I; j = 1, 2\cdots, J; k = 1, 2, \cdots, K) \tag{10.1}$$

在式(10.1)中,x_{ijk}是成分数为N的三维荧光数阵$X(I'J'K)$的元素,a_{in}、b_{jn}、c_{kn}是具有明确物理意义的A、B、C矩阵中的元素。其中$A(I'N)$是激光谱矩阵、$B(J'N)$是发射光谱矩阵、$C(K'N)$是浓度矩阵。式(10.1)中的e_{ijk}是三维残差数阵$E(I'J'K)$的元素。三维数阵的秩为复杂体系有荧光响应的主要成分数N,N大于等于A、B、C三个矩阵的秩的最大值,包含未知成分、已知成分、未知干扰以及基体干扰等因子。

目前关于三线性成分分解的较新思想是:根据交替最小二乘原理,借助Moore-Penrose广义逆进行计算,采用交替迭代来改进三线性分解的性能。交替三线性分解算法(Alternating Tri-Linear Decomposition,ATLD)是其中的一个典型算法,可以描述为:先固定矩阵A和矩阵B来确定C,然后固定矩阵B和矩阵C来确定A,最后固定矩阵C和矩阵A来确定B并使得转换损失极小化。其中A、B、C的计算如下式:

$$a_i^T = diagm(B^+ X_{i..} (C^T)^+), \ i = 1, \cdots, I \tag{10.2}$$

$$b_j^T = diagm(C^+ X_{.j.} (A^T)^+), \ j = 1, \cdots, J \tag{10.3}$$

$$c_k^T = diagm(A^+ X_{..k} (B^T)^+), \ k = 1, \cdots, K \tag{10.4}$$

其中,函数$diagm$是从方阵中取对角元素构成列向量。上标$^+$是指对该矩阵求Moore-Penrose广义逆,该方法具有较好的数值计算稳定性。交替三线性分解算法中的代表——二阶张量校正算法的基本流程描述如图10.1所示。

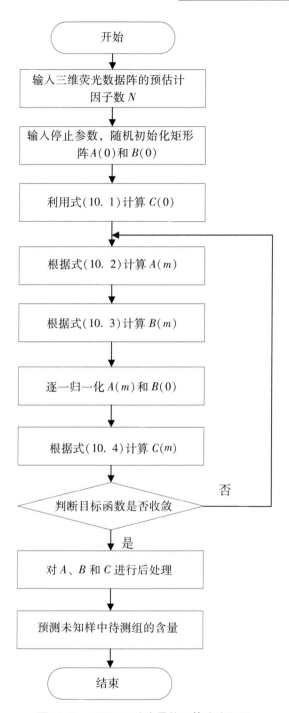

图 10.1　ATLD 二阶张量校正算法流程图

图 10.1 所示的流程也可以通俗描述为：输入一个大型长方数阵 X，通过不同角度的切割，得到用于 A、B、C 的循环迭代计算的子矩阵。反复执行该循环过程，直至 A、B、C 矩阵都达到收敛条件为止，最后对 C 进行回归处理。对于 ATLD 中的系列算法而言，它的核心操作都与图 10.1 的循环迭代过程类似。虽然 ATLD 中不同方法在计算 A、B、C 的过程中使用了不同的操作，但总结起来，这一系列的算法都包含三个特征：①循环结构类似，都是依次计算 C、A、B 三个矩阵，最后判断是否收敛；②算法的实现需要大量矩阵操作，运算量较大，是一个计算密集型过程；③算法中各子过程具有高度独立的并行性。

目前，有关化学计量学三维数阵分析以及基于三线性成分分解的二阶校正分析的理论及应用研究都已有一定的基础，但是在实际应用中，这些"数学分离"算法都必须在 PC 机上基于 Matlab 环境运行，没有独立的计算平台来完成上述计算；在进一步推广和应用这些数学分离方法时，又会受到知识产权保护措施不完善的制约。此外，以 PC 机作为现代分析仪器必备的辅助设备，不能有效利用资源，既增加了成本，也不方便携带，不利于功能强大的定量分析仪器的实用化。

如果能将这些数学分离算法在嵌入式平台上实现，将极大地推广"数学分离"方法的应用领域和范围。然而，与通常的嵌入式应用相比，该应用所需求的嵌入式计算机还有其特殊要求，这些特殊要求给研究工作带来挑战。

首先，算法计算量要求嵌入式计算机具有超强的计算性能。拟采用的数学分离算法是一个计算极其密集的过程，即运算量相对于当前普通计算机的计算能力而言，在给定时间内是一个较难完成的任务。在进行算法研究时，通常在高性能台式计算机或服务器上实现数学分离算法。即使利用这些高性能计算机，完成一次数学分离的计算时间也可能需要几分钟甚至更长。通常市场上可供直接选用的嵌入式计算机核心硬件资源，如 CPU 等，因受功耗、体积、成本等限制，其计算能力往往难与台式计算机相比。这样带来的后果可能是：如果采用常规技术构建嵌入式计算机系统，设计出的系统即使能够完成数学分离分析全过程，也可能因为计算时间过长而不能满足实用要求。

其次，软件、硬件成本开销的约束和限制可能导致系统的实现是极其复杂的工作。通用计算机由于面向通用目的，其体系结构相互兼容，功能齐全。这些计算机可满足不同领域、不同目的的通用性应用。但同时也使得它们针对任何一个具体应用有可能存在系统资源冗余、浪费，以及某些方面不足，即不是最佳选择方案。根据系统需求和约束，"数学分离"设备中的嵌入式计算机需要裁剪相当一部分通用计算机上拥有的硬件和软件资源。离开通用计算机环境下丰富的软件资源，系统各个功能、算法的实现则更多依赖基础、底层的开发过程来完成。对一些特别、专有问题，可能需要寻找特别的解决方法。

除此之外，由于集成的系统将是一个有若干要求和约束的复杂专用计算机系统，系统体系结构与软硬件的合理性、正确性、完整性、可靠性等也是系统集成和正常工作的关键。

以"数学分离"算法中所存在的计算问题为研究背景，分析其中数据运算复杂度高、资源消耗大的计算密集型任务，针对其设计由通用处理器和可重构单元构成的专用计算机体系结构，然后以提出的软硬件划分算法为指导，进行任务的软硬件划分，搭建"数学分离"关键部件的嵌入式计算平台。该嵌入式平台不仅可以解决所提到的"数学分离"应用问题，还可以方便推广到类似的需要复杂计算的应用领域。

10.1.2　系统设计

"数学分离"算法的核心计算部分包含大量矩阵计算，并且各个模块相对独立，适合并行处理，这也刚好能够充分发挥 FPGA 的并行特性。同时，考虑到"数学分离"算法是一个不断发展的算法群，可能存在算法的更新问题，而 FPGA 的可重构特性又为算法的变更和升级提供极大的便利。因而，本课题将选用 FPGA 为计算密集型任务加速，满足系统的需求，并可用于解决类似的高性能计算问题。在本系统设计中采用 FPGA 作为实现"数学分离"算法，主要具有以下优势：

（1）用户可以在硬件单元的约束下实现系统所需的各种功能。FPGA 中有可编程逻辑单元和触发器。在处理较大规模应用时，可以使用 FPGA 的逻辑资源进行构建；当需要完成复杂时序电路设计时，可以使用 FPGA 中的触发器。随着半导体工艺的发展以及超大规模集成电路（Very Large

Scale IC，VLSI）的出现，FPGA 芯片规模也在迅速扩大，集成的可编程单元也在不断增加，硬件的资源越来越丰富。

（2）FPGA 具有高性能。FPGA 的实现方式是硬件，具有软件所不具备的高速性。当某个需要高密度计算的任务用 FPGA 进行实现，凭借可编程逻辑的硬件处理功能，可以大幅提高处理器性能，提高算法的执行效率。

（3）FPGA 具有可重构特征。FPGA 有离线重构和在线重构的功能，加载一个新配置可以较快地实现硬件功能的更新。利用处理单元的这种特性，在需要修改系统功能或者对系统进行更新时，开发人员可以不对硬件电路进行修改，只需改变内部的逻辑即可实现新的需求，从而节约维护成本和系统使用寿命。

（4）FPGA 开发方便、设计周期短。FPGA 通常具有完整的开发链，便于系统开发。并且具有强大的仿真功能，可以在设计之前对算法的各种性能进行评估，及时发现问题并进行修正，从而缩短算法的设计周期。

近年来，FPGA 工艺和相关设计技术的不断发展，使得国内外的各领域的开发者和研究者更多地采用 FPGA 芯片来进行算法设计及应用研究。FPGA 具有高性能、低功耗、可重构等特性，并且提供软核支持，支持操作系统进行事务管理，使得其既能满足信号处理要求，又不失灵活性。

同时，考虑到可重构资源的有限性，以及系统中需要处理如用户界面、信息交互等操作性事务，在系统中加入擅长执行流程控制的通用处理器，针对"数学分离"算法应用，采用通用处理器和 FPGA 结合的方式构建高性能嵌入式平台，该平台的软硬件系统架构如图 10.2 所示。

如图 10.2 所示，软件主体中的控制模块先通过荧光仪读取测量数据，然后进行任务的软硬件划分，将任务分配到硬件或软件上执行。如果任务在硬件上执行，则从算法库中调用相应的算法模块，并将该算法送到解释器/编译器中进行解释，最后将任务放置在可编程逻辑 FPGA 上实现。具体的实现是采用函数调用的方式，由通用处理器从库中调用由 FPGA 硬件实现的相关函数，最后将计算结果返回控制模块。如果任务划分到软件上执行，则不需要经过解释器/编译器解释，直接由算法从函数库调用相应的函数进行分析执行。所有由硬件和软件执行的结果都由控制模块对数据进

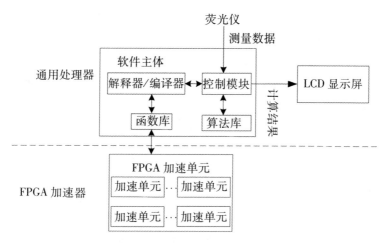

图 10.2 "数学分离"部件体系结构

行处理后送往 LCD 屏，进行显示操作。在系统中，通用处理器主要完成数据处理过程中的荧光仪控制、数据采集、人机交互操作等功能；FPGA 加速单元主要对算法中计算复杂度高的运算进行加速处理，以满足仪器对计算性能的要求。

采用通用处理器和 FPGA 相结合方法设计的高性能计算平台，不仅可以应用于解决数学分离中所遇到的计算问题，同时还具有通用性，可以广泛应用于需要大量矩阵运算以及硬实时控制领域，包括嵌入式图像处理、智能控制等。

在芯片选择上，对于通用处理器，选择 ARM 公司新近推出的 Cortex-A9 架构处理器，它采用 ARMv7 体系结构，具有较高的性能和较低的功耗。Cortex-A9 既可用作单核处理器，也可配置为多核处理器，同时可以实现和其他硬件控制器的合成。Cortex-A9 的体系结构是超标量，指令长度动态可变，支持位宽可变的一级高速缓存和容量较大的二级缓存，具有很强的灵活性。

目前采用 ARM Cortex-A9 架构的处理器已有很多款，采用的芯片是 Amlogic 公司生产的 AML8726－M，它是一款采用单核 Cortex-A9 架构的片上系统芯片，结构如图 10.3 所示。

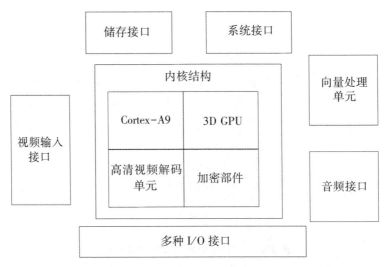

图 10.3　Cortex-A9 单核芯片结构

该 AML8726 - M 芯片包含一个 Cortex-A9 架构的主处理器，其频率是 800 MHz 频率。芯片内部集成三维图形处理单元，可以用于三维数据的处理和渲染，同时集成专用的视频编解码硬件模块，用以提高芯片的视频/图像硬解码性能。芯片内部还包含多种 I/O 接口，包括 I2C、SPI、UART 等通用串行接口，便于系统扩展。在设计的系统中，就是采用串行接口对 FPGA 进行函数调用和结果返回，从而实现高性能计算。

对于 FPGA 芯片来说，采用 Cyclone III 系列 EP3C25F324 FPGA 芯片实现算法的加速。该芯片采用 65 nm 制造工艺，体系结构中包括 24624 个垂直排列的逻辑单元（Logic Element，LE）、66 个大小为 9 Kbit 的 M9K 模块构成的嵌入式存储器，以及 66 个 18×18 的嵌入式乘法器，具有较高的可编程性能。其平面布局如图 10.4 所示。

如图 10.4 所示，芯片中心是逻辑阵列、存储块和乘法器，四个顶点包含锁相环（Phase Locked Loop，PLL），四周是丰富的 I/O 接口。

EP3C25F324 FPGA 芯片可以配置 NIOS 软核，从而支持串行总线和网络接口，以及多种通信协议。这些接口和协议包括各种不同的 PCI 接口标准、SDRAM 和 SRAM 存储接口、以太网协议控制器及各种常用通信协议，对串行总线 SPI、I2C、UART 等都提供支持。在本系统中使用这些串行接口与 Cortex-A9 处理芯片进行通信控制，接收控制指令，完成配置和计算

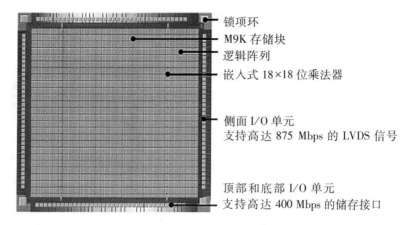

锁项环
M9K 存储块
逻辑阵列
嵌入式 18×18 位乘法器

侧面 I/O 单元
支持高达 875 Mbps 的 LVDS 信号

顶部和底部 I/O 单元
支持高达 400 Mbps 的储存接口

图 10.4　Cyclone III 平面布局图

功能。由于这些配置所需的通信量不大，串行通信协议可以完全满足要求。

在系统实现中，基于前面介绍的两款芯片，构建高性能嵌入式计算平台。其系统结构如图 10.5 所示。

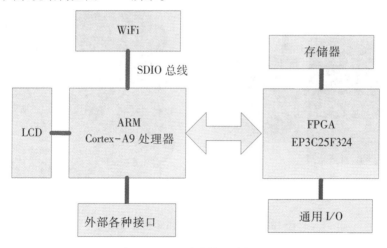

图 10.5　系统结构设计框图

如图 10.5 所示，系统采用 ARM 与 FPGA 松散耦合的系统结构。在 ARM 系统部分设计 LCD 接口用来显示，设计 WiFi 接口用来连接外部系统，另外设计专用接口接收来自三线性分解算法的数据输入。在 FPGA 部分设计了众多通用 I/O，便于系统扩展。两个子系统之间通过串行总线方式进行通信。

采用 OrCAD 软件对系统原理图设计，采用 PADS 软件进行 PCB 布线设计，其中，部分系统的设计如图 10.6 所示。

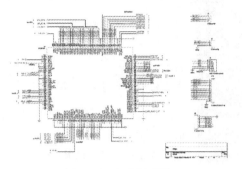 

（a）ARM 电路原理图　　　　　　　　（b）FPGA 布线图

图 10.6 "数学分离" 部件设计图

图 10.6（a）是 ARM 子系统中核心单元 AML8726－M 芯片连接的原理图，图 10.6（b）是 FPGA 子系统的布线效果图。两个子系统的最终设计效果如图 10.7 所示。

（a）ARM 电路板显示效果　　　　　　（b）FPGA 电路板

图 10.7 "数学分离" 部件系统效果图

图 10.7（a）是 ARM Cortex-A9 电路板效果图，该电路上包括存储模块和电源模块，同时带有 SD 卡接口、USB 接口、串口、LCD 接口和用于控制电容触摸屏的 I2C 接口。在平台上移植了 Google 公司基于 Linux 开发的开源操作系统——Android，采用的是 Android 2.2.3 版本，具有良好的用户交互功能，在该系统上进行"数学分离"算法特定应用程序的开发。图 10.7（b）是 FPGA 电路板的正面图，它以 EP3C25F324 芯片为核心，

包括 SDRAM 和 FLASH 电路，用于系统存储。系统带有调试接口用于调试处理，并带有串行总线与 ARM 电路进行通信。

系统中 ARM 与 FPGA 的设计相对独立，在 ARM 芯片和 FPGA 芯片上分别运行不同的操作系统，各部分负责自己的系统运行。硬件支持如表 10.1 所示的三种工作模式，分别是 ARM 模式、FPGA 模式和协处理器模式。

表 10.1　系统三种工作模式

工作模式	主处理器	操作系统	备注
ARM 模式	Cortex-A9	Android 2.2.3	独立 ARM 模式
FPGA 模式	NIOS	Linux 2.6	独立的 FPGA 模式，采用支持 MMU 的 NIOS
协处理器模式	Cortex-A9	Android 2.2.3	FPGA 作为 ARM 的协处理器

ARM 模式下 ARM 独立工作，此时信息交互、网络、计算等都交由 ARM 处理器。ARM 上运行 Android 操作系统，在上面开发运行相关的应用程序。

FPGA 模式为 FPGA 独立工作模式，此时各类计算任务都交由 FPGA 的 NIOS 处理器。NIOS 处理器上运行 Linux 操作系统。

协处理器模式为 ARM+FPGA 协同工作模式，ARM 与 FPGA 根据各自的优势共同进行计算，通过内部通信完成数据的交互。ARM 处理器上运行 Android 操作系统，FPGA 上采用 NIOS 处理器。

10.1.3　软硬件划分过程

为了充分利用 ARM 和 FPGA 各自的计算特性，将系统工作在 ARM 和 FPGA 协同模式下，基于第三章的软硬件划分思想，对计算任务进行划分，并在划分指导下进行硬件算法的实现。

对于"数学分离"部件来说，其需要包括的任务主要有荧光仪测量数据采集、用户交互、数据显示，以及 ATLD 算法中的矩阵求逆、奇异值分解和矩阵乘法等操作。在实验中，输入的三维荧光数据阵数据是由 13 个光谱矩阵叠加而成，每个光谱矩阵包括 26 行 28 列。在 Android 操作系统下统计各计算任务在 ARM 下的执行时间，通过对算法采用 Verilog 语言实现，分析任务在 FPGA 的实现代价。表 10.2 是对部分任务进行统计得到的性能分析表。由于有些核心运算需要多次调用，所以统计的是各个任务的总共计算时间。

表 10.2 "数学分离" 部件任务性能分析

编号	任务类型	逻辑单元/LEs	ARM 上 总运行时间/ms	FPGA 上 运行时间/ms
1	数据采集	9462	0.86	0.26
2	用户交互	8427	2.82	1.74
3	数据显示	10753	1.53	0.65
4	矩阵奇异值分解	1694	462.3	42.3
5	矩阵求逆	2564	336.5	30.7
6	矩阵浮点乘	8748	580.6	60.2

EP3C25F324 总共包含逻辑单元 24624，在实际应用中，配置 NIOS 软核用去 7095 个逻辑单元，加上一些程序及系统开销，可用逻辑单元为 1.5 万左右。在设计中，取可用逻辑单元数 1.5 万个，进行软硬件划分设计。

如表 10.2 所示，由于数据采集、用户交互及数据显示等任务调用次数少，总的运行时间也比较少，对于 ATLD 中的一些运算，在进行"数学分离"的过程中需要反复调用，如矩阵的奇异值分解，在运算过程中循环调用了 2 万多次，总的运行时间很长。

根据第三章所提的软硬件划分方法，在 1.5 万个逻辑单元限制下进行软硬件划分操作。

（1）根据第三章的用于预划分的贪心算法（算法 3.2），计算任务的价值质量比，计算公式为 $k_i = \Delta T_i / A_i$，不考虑各参数单位，得到如表 10.3 所示的任务价值质量比。

表 10.3 任务的价值质量比

任务编号	1	2	3	4	5	6
k_i	0.0000634	0.000128	0.0000818	0.2479	0.1193	0.05949

（2）按照价值质量比，先将任务 4 划分到硬件，占用硬件面积 1694，还剩硬件面积 13306。然后再将任务 5 划分到硬件，占用硬件面积 2564，剩余硬件面积 10742。再将任务 6 划分到硬件上，占用硬件面积 8748，剩余硬件面积 1994，然后依次考虑任务 2、任务 3 和任务 1，因为剩余硬件面积满足这些任务的计算要求，贪心算法划分结束，贪心算法的最终划分

结果是任务 1、2、3 划分到 ARM（软件）上执行，而任务 4、5、6 划分到 FPGA（硬件）上执行。

（3）以算法的总运行时间 T 为目标函数，最终的优化目的是 T 最小，采用模拟退火算法进行优化划分。具体过程如下：

1）将贪心算法的解为当前最优解，得到初始时间为：

$$T = 0.86 + 2.82 + 1.53 + 42.3 + 30.7 + 60.2 = 138.41 \text{ ms}$$

2）在当前划分下，产生一个扰动，例如将任务 1 划分到硬件，任务 6 划分到软件，这时，硬件面积由原来的 13006 变为 13720，时间开销由 138.41 ms 增加至 658.21 ms，硬件面积和时间开销均增大，落在图 3.3 所示的第一象限，根据所提的接收准则，直接拒绝该新解。如果将任务 2 划分到硬件，任务 6 划分到软件，这时硬件面积由原来的 13006 变为 12685，时间开销由 138.41 ms 增加至 657.23 ms，经归一化处理，$\Delta t = (657.23 - 138.41)/138.41 = 3.88$，$\Delta a = (12685 - 13006)/13006 = -0.25$，落在图 3.3 所示的区域 R_4，按照新的接收规则，拒绝新的划分。

3）循环迭代步骤 2），由于每次迭代都不能对划分效果进行改进，从而每迭代下循环次数都增加 1，当无效迭代次数达到预定阈值（在此设为 10）时，退出循环。

（4）输出任务的最优划分结果，即将任务 1、2、3 划分到 ARM 上执行，将任务 4、5、6 划分到 FPGA 上。

采用提出的软硬件划分方法，对于给出的 6 个任务，系统总的执行时间为 138.41 ms，而所有任务划分到 ARM 上执行的总时间为 1384.61 ms，因此，采用本章的算法很好地提升了系统性能。

由于在"数学分离"关键部件的应用设计中，不同的任务在软件和硬件上执行的时间和消耗的硬件资源区别明显，任务划分过程相对简单，通过贪心算法取得了较优的解。这也说明提出的贪心与模拟退火相结合算法能够将划分结果快速收敛到最优解，在保证划分质量的同时加快软硬件划分的过程。

10.1.4 算法实现

在进行软硬件划分之后，接下来需要对划分到硬件上的算法进行 FPGA 实现。应用算法的 FPGA 设计一般要经过算法描述与分解、模块实现与仿真及硬件资源映射三个步骤。

1. 算法的描述和分解

在算法的逻辑描述方面，借助数据流图（Data Flow Graph，DFG）来表达。DFG 是一个由节点和边共同构成的数据通路。其中，节点表示一个运算操作或者是包含多条指令的操作。结点接收输入数据，对其进行运算并输出结果。图中的边连接源节点和目标节点，表示数据通路。算法的分解是将算法分成多个模块，这些模块可能是串行的或者是并行的，通过为每个模块分配计算资源来完成模块的数据运算及操作。

算法分解的一个指标就是系统开销最少，从而对于数据流和控制流有不同的处理方案。对于算法中的数据流，分解时考虑各模块之间的数据流量最小，对于算法中的控制流，分解时需要考虑各模块之间的依赖最低。

2. 模块的 FPGA 编程与仿真

在对模块进行分解之后，就可以对各模块进行 FPGA 算法实现，具体的实现方法是采用逻辑设计或硬件编程语言的方式对算法进行描述。为了验证算法的正确性，通常采用工具对其进行仿真，分析实现的正确性以及所耗费的逻辑资源。在此，以三线性分解算法中用于计算矢量旋转的 CORDIC 算法的 FPGA 实现为例，说明实现的方法和过程。

CORDIC 算法是一种计算矢量旋转的循环迭代方法，同时也可处理直线旋转、双曲线旋转、圆周旋转等操作，已广泛应用于诸如矩阵计算（如奇异值分解 QR 分解）以及数字信号处理（如 FFT、DHT、DCT、DST）和数字通信（如直接数字频率合成等）等需要大量计算的应用领域。

研究者将 CORDIC 算法转化成一个循环迭代过程，将旋转角度分成多个小角度，通过多次旋转实现达到最终目标。它适合用于 FPGA 实现，采用 Verilog 语言实现，其核代码如表 10.4 所示。

表 10.4 CORDIC 核心算法

Adder AddX（*SumX*，*CarryX*，*Xsign*，*X*，*BSY*，*Zsign*）；
对 *X* 的加操作
shifter SHX（*BSX*，*X*，*shift_num*）；
对 *X* 的移位操作
shifter SHY（*BSY*，*Y*，*shift_num*）；
对 *Y* 的移位操作
Adder AddY（*SumY*，*CarryY*，*Ysign*，*Y*，*BSX*，*Zsign*）；

续表

对 Y 的加操作

Adder AddZ（$SumZ$，$CarryZ$，$Zsign$，Z，BSZ，$Zsign$）；

对 Z 的加操作

MEM pla（$iteration$，BSZ）；

读内存 Z 的数据

对计算结果输出

assign $Xout$ = ｛$CarryX$，$SumX$｝；

assign $Yout$ = ｛$CarryY$，$SumY$｝；

assign $Zout$ = ｛$CarryZ$，$SumZ$｝；

由于 FPGA 中没有浮点数，所以需要采用定点数来表示浮点数。在本系统中，采用如图 10.8 所示的 32 位定点数来表示浮点数。旋转过程中的角度采用弧度制，采用二进制补码方式表示。

如图 10.8 所示，如要表示 45°角，其二进制计算为 $\pi/4 \approx 0.7854 \approx 00003244H$。

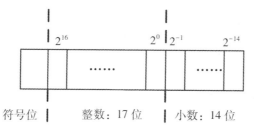

符号位　　整数：17 位　　小数：14 位

图 10.8　FPGA 浮点数表示方法

在完成 FPGA 算法设计之后编写测试平台，利用 Mentor 公司的 ModelSim 工具对 CORDIC 的旋转过程进行仿真。

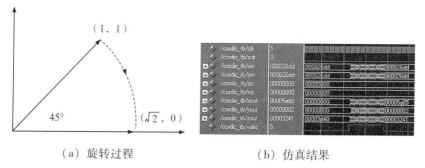

（a）旋转过程　　　　　　　（b）仿真结果

图 10.9　FPGA 算法实现的仿真效果图

如图 10.9 所示，输入向量（1，1），输入目标角度 0°，向量将旋转到 X 轴，得到的模（$\sqrt{2}$，0）以及旋转角度 Z=45°，旋转效果如图 10.9 所示，其中图 10.9（a）是旋转示意过程，图 10.9（b）是波形仿真结果。其中，输入向量根据 CORDIC 算法规则乘了一个缩放因子。

表 10.5 对旋转仿真结果与理论值进行对比分析。

表 10.5　FPGA 算法仿真与理论值比较

向量	仿真结果	理论值	误差
xout	00005a85H≈1.4141	$\sqrt{2}$	0.008%
yout	00000002H≈0.0000	0.0000	0
zout	00003241H≈0.7852	$\pi/4$	0.025%

如表 10.5 所示，实际仿真结果与理论结果相符，误差很小，证明所设计 FPGA 算法的正确性。若需要更高的精度，还可以通过增加小数位数或旋转迭代次数来实现。

3. 算法硬件资源映射

算法映射将实现的 FPGA 算法与硬件计算资源相匹配，也就是将各模块映射到相应的计算资源。实际中操作过程即是将算法生成的可配置文件（Alter 中对应的是最后生成的 pof 文件）通过编程工具下载到 FPGA 上，完成硬件资源的配置。

10.2　节能调度算法应用研究

由于具有动态电压缩放技术的多处理器并不多见，所以我们采用具有较好电源管理功能的 PXA25 处理器进行测试验证系统的设计，并对提出的节能调度算法在单核处理器上进行了部分验证。

10.2.1　处理器介绍

PXA255 嵌入式微处理器是 Intel XScale 架构中 PXA25x 分支中的一员，其前身是 StongARM 系列处理器。Intel StrongARM 处理器采用 ARMV4T 的五级流水体系结构，其数据 Cache 只有 8 KB，指令 Cache 只有 16 KB，微型数据 Cache 只有 512 B，其技术制约已经决定它主频难以提升了。

为了改进 StrongARM 处理器的缺陷，Intel 于 2002 年开发出了 XScale 架构处理器。XScale 架构处理器采用的内核版本是 ARM V5TE，采用 7 级流水方式，各项性能指标接近 ARM11 内核。由于 Intel 在半导体制造方面的优势，XScale 具有了功耗低、性能高等优点，加上在软件支持、可扩展性方面的突出表现，XScale 系列处理器在早期的 PDA 产品中广为应用，一度成为该领域的领先者。

XScale 微处理器的系统结构特性如图 10.10 所示。

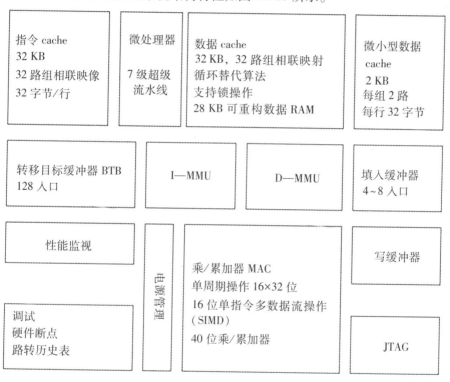

图 10.10　XScale 体系结构

PXA255 采用 RISC 结构，内部集成了 SDRAM 存储器控制器、LCD 控制器和 DMA 控制器，可以实现 STN、DSTN、TFT 等多种显示模式，具有实时时钟、USB 和 AC97 等大量功能模块，具有很强的扩展能力，同时具有 3 个 UART 接口和大量并行 I/O，可以支持系统多种应用。

10.2.2　系统设计

本节嵌入式开发平台采用 Intel PXA255 芯片作为核心处理器，其主要硬件资源如表10.6所示。

表 10.6　PXA255 开发平台资源列表

项目	描述
处理器	Intel PXA255
SDRAM	HY57V561620CT-H 32M×2
Flash	Intel Flash E28F128J3A 16M×2
以太网	CS8900A
显示	TFT LCD 640×480
音频	AC97 立体声音频接口
USB 接口	两个主接口，一个从接口
MMC	可接 SD 卡
PCMCIA	可接无线网卡
实时时钟	RTC4513
JTAG 接口	20 个引脚
UART	3 个 RS232 接口

本小节对系统主要组成部分的设计进行简单介绍。

1. SDRAM 电路

PXA255 嵌入式系统采用 HY57V561620CT-H 芯片来构建 SDRAM 电路。该芯片是一个容量为 256 Mb 的同步动态 RAM，存储空间组织方式是 4 banks×4 M×16 bit，位宽是 16。由于 PXA255 芯片的位宽是 32，与 FLASH 电路类似，采用两片 SDRAM 芯片并联的方式进行设计。SDRAM 的连接方式如图 10.11 所示。

如图 10.11 所示，两个 SDRAM 芯片同样是共享地址线而数据线分开。共用部分控制信号，但数据掩码（Data I/O Mask，DQM）则是每个 SDRAM 芯片都有两个，可以对一个 32 位数据的每个字节单独进行控制。

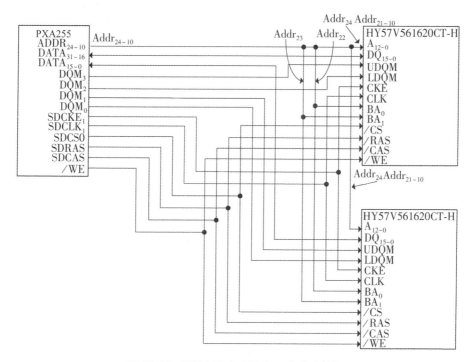

图 10.11　PXA255 中 SDRAM 电路连接图

2. Flash 电路设计

在嵌入式系统中，需要采用非易失的闪存 FLASH，用来存储 Bootloader、操作系统和一些应用程序，可以在一上电就正常运行。PXA255 嵌入式平台的 FLASH 空间为 32 MB（1 MB＝8 Mb）。FLASH 芯片 Intel 公司推出的 E28F128J3A 是一种典型的 Nor Flash，容量为 16 MB，位宽 16。系统中采用两个 E28F128J3A 芯片并联的方式，共同构成一个 32 位 32 MB 的固定存储空间。其具体电路如图 10.12 所示。

如图 10.12 所示，两个 E28F128J3A 芯片共用地址总线和控制总线，数据总线分别连接 0～15 位和 16～31 位，从而共同构成一个 32 位的数据。由于本系统采用非易失性 FLASH 作为系统启动内存，所以需要将 FLASH 存储器静态映像到 bank 0 区间，即在硬件设计上将 E28F128J3A 的使能信号与 PXA255 处理器的片选信号 CS_0 相连。

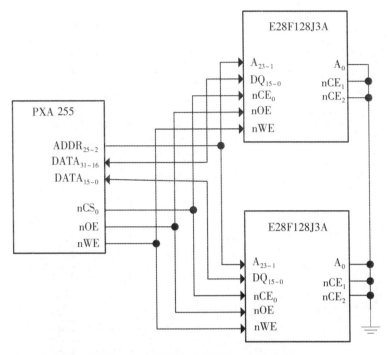

图 10.12　PXA255 中 FLASH 电路连接图

3. 以太网电路

由于 PXA255 芯片不带以太网控制器，所以在系统中需要采用以太网控制器实现网络通信功能。CS8900A 是用于嵌入式设备的以太局域网控制器。它的集成度高，包括片上 RAM、10 Base-T 传输和接收滤波器，需要的外围设备少。在本系统中，CS8900A 直接与 PXA255 芯片通过地址数据总线相连，采用 16 位的 I/O 操作模式。CS8900A 与 PXA255 芯片的连接电路如图 10.13 所示。

如图 10.13 所示，PXA255 芯片通过 nCS1 分别与 nWE 和 nOE 进行逻辑或操作控制，完成对 CS8900A 芯片的读/写操作，其中写信号 nIOW 是由 CS1 和 nWE 取逻辑或生成，读信号 nIOR 是由 CS1 与 nOE 取逻辑或生成，这样 CS8900A 的内存空间直接映像到 PXA255 芯片的静态分区 1 中，其起始地址为 04000000H。

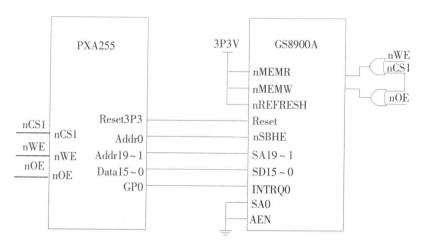

图 10.13 PXA255 网络接口电路图

采用 Protel 99SE 对 PXA255 系统进行原理图及 PCB 布线设计,其部分设计如图 10.14 所示。

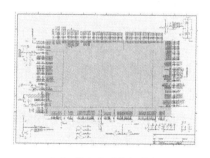

（a）核心电路原理图 　　　　　　（b）系统 PCB 布线图

图 10.14 PXA255 设计图

图 10.14（a）是主芯片核心电路的原理图,图 10.14（b）是系统布线图,系统的最终设计效果如图 10.15 所示。

10.2.3 节能调度算法应用

PXA255 处理器具有完备的电源管理功能,本节首先对处理器频率调节方法进行设计,然后针对 AVS 视频解码实例进行节能调度分析,在单处理器上部分验证了在第三章提出的节能调度算法。

195

图 10.15　PXA255 系统效果图

10.2.3.1　处理器电源管理功能

PXA255 提供了四种不同的工作模式，分别是执行模式、加速模式、空闲模式和休眠模式。

1. 执行模式

执行模式（Run Mode）是处理器的正常运作方式。在该模式下，系统中所有功能部件的电源供应皆使能，并且都以正常的频率运作。在处理器启动或重启之后，就会进入运行模式。当任何电源关闭、重启或者模式切换时，系统就离开该模式。

2. 加速模式

加速模式（Turbo Mode）是在系统需要高性能时采用，此时处理器核心时钟频率处于最高运行状态。加速模式也允许以不同的频率运行，不会中断外围功能如内存控制器、LCD 控制器等装置。在该模式下，处理器的核心时钟频率、处理器时钟频率相对应的内存，以及与处理器时钟频率相对应的相关外围，这些频率都会比执行模式增加 N 倍，N 由寄存器 CCCR 中的 N 值给定。除了这些频率有所增加之外，处理器的行为与运行模式一样。

由于在加速模式下，外部存储的频率并没增加，如果对外部内存的访问次数很少，而且需要很高的性能，则适合以加速模式来进行运算。当需

196

要大量访问外部存储时，由于核心频率与外部存储频率的差值较大，会相对应地增加每次访问外部内存的延迟，增加的延迟会降低处理器的电源效能。因此，为了取得最佳效能，在需要采用加速模式时，软件必须在执行模式下将需要访问的数据加载到高速缓存中，然后再进入加速模式。

3. 空闲模式

在空闲模式期间，会停止处理单元核心频率的供应。所有重要的应用程序在进入该模式之前必须完成。空闲模式下保留中断服务，可以继续监视处理器片内和片外的各种中断请求，是唤醒处理器的信号来源。当外围需要处理单元的运算时，就发起一个中断，处理器检测到中断发生时，会立即终止空闲模式，继续空闲模式之前的正常运算状态。空闲模式不会改变频率，当中断发生时，处理单元可以快速地完成恢复过程。同时，在空闲模式期间，内存控制器和外围单元模块等继续正常工作。

33 MHz 空闲模式是功耗最低的空闲模式，该模式下所有的外设单元都不能使用，包括在通常情况下继续运行的内存控制器、LCD 控制器及 DMA 控制器。

4. 休眠模式

休眠模式，也称挂起模式，是 CPU 耗电最少的一种工作模式，也是电源管理中一种重要的节能模式。在休眠模式下，处理器的大部分功能都关闭，包括处理器核心电源。在该状态下，依然工作的功能单元包括实时时钟（Real Time Clock，RTC）、电源管理单元和外部 SDRAM，系统的所有工作状态在休眠之前保存在 SDRAM 当中，从而 SDRAM 需要保持自行刷新模式，这样可保证系统状态不丢失的同时大幅度降低系统功耗。休眠模式是处理器的一种最省电的工作模式，但进入休眠状态及唤醒都需要一定的时间开销，只能在处理器长期空闲状态下使用。处理器各模式之间的转换如图 10.16 所示。

如图 10.16 所示，系统上电之后，处理器根据内核配置寄存器（Core Clock Configuration Register，CCLKCFG）的最低位确定系统是进入加速模式还是执行模式。最低位为 1 时进入加速模式，为 0 时进入执行模式。在这种状态下，如果系统没有需要执行的任务，则进入空闲模式，若空闲模式的持续时间比较长，则关掉 LCD 等设备，进入在 33 M 空闲模式下，遇到

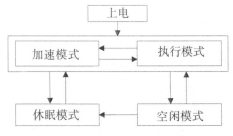

图 10.16　PXA255 工作模式转换

中断则返回。如果超长时间处于空闲模式下，或者用户手动设置休眠，则系统进入休眠模式，这时只有预先设定的唤醒事件才能唤醒系统，返回到休眠状态之前的模式运行。

同时，PXA255 还集成了 Intel 公司推出的 SpeedStep 动态电源管理技术。该技术是动态电压调节的一种具体实现方式，能够对处理器的工作频率和电压进行调整，达到节能的目的。处理器工作模式及对应的电压和功耗如表 10.7 所示。

表 10.7　PXA255 工作模式

频率	电压	功耗	模式命名
400 MHz	1.3 v	411 mw	模式一
300 MHz	1.1 v	283 mw	模式二
200 MHz	1.0 v	178 mw	模式三

表 10.7 是处理器工作在不同的模式下对应的电压和功耗，不同模式在时间、电压和功耗方面都存在差异。在低功耗模式下处理器的频率也变小，使得相同数量的指令需要更长的时间，从而有时间错过任务的截止期。而任务节能调度要解决的问题就是在满足截止期的前提下实现系统能量的最小化。

10.2.3.2　节能方法设计

本节根据 PXA255 处理器具有的电源管理方案进行处理器节能。根据表 10.7 中的频率、电压、功耗之间的对应关系，对处理器频率进行调节，通过改变处理器的频率从而实现节能。

在对处理器频率调节之前，需要执行以下操作：

（1）由于频率的变化可能带来访存错误，从而进行频率调节时，需要

198

适当地设定内存控制器的状态来确保 SDRAM 内资料的正确性。首先，内存控制器中的刷新时间必须取调节前与调节后两个刷新时间中的最慢者。其次，为了预防内存控制器的频率超过 SDRAM 所允许的最高值，在必要时需要将 SDRAM 控制器的频率设定为原来的 1/2。最后，还需要根据系统频率来设置适当的内存频率。

（2）处理器频率变动会影响 LCD 的频率，影响其数据的刷新与显示。因此，在频率调节过程中，需要关闭 LCD 控制器，或者改变 LCD 控制器的状态，使得处理器在调整频率时对显示不影响。

（3）处理器频率改变最多可能需要 500 μs，在这期间将无法提供 DMA 服务功能或中断功能。为确保外围程序不发生异常，需要手动设定外围单元的状态，使其在该时间段内不受影响。如果某外围单元不能承受在 500 μs 的时间无法得到 DMA 的服务，则必须关闭该外围单元。同样，若某个中断程序不能承受在 500 μs 的时间无法得到中断响应，则该外围单元也必须关闭。

（4）设定 PXA255 处理器中的内核时钟配置寄存器（Core Clock Configuration Register，CCCR），CCCR 寄存器是一个 32 位的寄存器，通过设置该寄存器可以让处理器工作在特定的频率。CCCR 寄存器与频率的对应关系见表 10.8。

表 10.8 CCCR 寄存器与频率的对应关系

比特位	名字	意义
[31：10]	保留	保留
[9：7]	N	加速模式频率与执行模式频率之比，即 加速模式频率＝执行模式频率×N 取值-含义 010-N＝1 011-N＝1.5 100-N＝2 110-N＝3 其他取值-保留

续表

比特位	名字	意义
[6：5]	M	执行模式频率与内存频率之比，即 执行模式频率=内存频率×L 取值-含义 00-保留 01-M=1 10-M=2 11-M=3
[4：0]	L	内存频率与晶振频率之比，即 内存频率=晶振频率×L（晶振频率选为 3.6864 MHz） 取值-含义 00001-L=27（内存频率为 99.53 MHz） 00011-L=36（内存频率为 132.71 MHz） 00101-L=45（内存频率为 165.89 MHz） 其他取值-保留

当前期工作准备完成，并设置好处理器所需频率之后，则通过对频率调节序列（Frequency Change Sequence，FCS）写入 1 来开启频率调节。FCS 位于 CCLKCFG 寄存器的次最低位。

在对 FCS 比特位写入 1 之后，CPU 频率将停止，此时对 CPU 的中断也会被控管，内存控制器还可以继续进行其缓冲区内未完成的事务，这些事务是处理单元所产生的，其他 LCD 或 DMA 控制器所产生的新的事务将会被忽略，随后，内存控制器将 SDRAM 设定为自刷新模式。由于在频率改变期间，95.85 MHz 与 147.46 MHz 的 PLL 频率产生器仍然提供频率输出，因此除内存控制器、LCD 控制器与 DMA 之外的外围部件也可以正常地工作。在频率调整期间处理器不允许进入休眠模式。

在处理器的 PLL 频率锁定了新的频率并达到稳定之后，处理器便进入了正常工作模式，开始对频率调节期间所产生的中断进行处理。由于在频率调整期间，处理单元、内存控制器、LCD 控制器和 DMA 等的频率都会停止，会对系统性能产生一定的影响，并且在调整过程中也存在开销，因此只有在系统工作量较小的情况下才将处理器调整至合适的工作频率，从而实现节能的目的。

10.2.3.3　节能调度实现

我们以 AVS（Audio and Video Coding Standard）视频解码为例对节能调度算法进行部分验证。AVS 是我国具备自主知识产权的第二代信源编码标准，其总体解码过程如下：首先从比特流中解出头信息，通过熵解码得到量化系数；然后经过反量化、反变换过程得到残差块；通过帧内预测或帧间预测，得到预测块；将预测块与残差块相加，经过重建和环路滤波器即可得到输出的图像。其具体流程如图 10.17 所示。

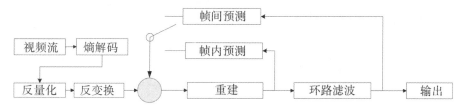

图 10.17　AVS 视频解码流程

由于帧内和帧间预测都是采用上次保存的块数据或帧数据，并不直接采用本次解码数据中的信息。每次解码过程可以抽象为如图 10.18 所示的 DAG 图。

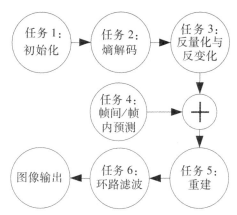

图 10.18　AVS 解码过程的 DAG 图

对解码过程在测试平台上进行实现，采用数字音视频编解码技术标准工作组给出的实际视频进行测试。将 PXA255 运行在模式一（400 MHz/1.3 V/411 mw），得到平均每帧解码需要的时间约为 28 ms，在解析一帧的过程中各个任务的运行时间统计值如表 10.9 所示。

表 10.9 AVS 解码过程运行时间

任务名	任务 1	任务 2	任务 3	任务 4	任务 5	任务 6	总任务
运行时间/ms	0.5	1.5	2	19	3	2	28

由于测试视频文件的帧速率为 25 帧/秒，即每帧只需要在 1/25 = 0.04 s = 40 ms 内解码完成即可，也就是说有（40-28）/40 = 30% 的时间处理器处于空闲状态，从而存在频率缩放空间，采用第 8.3.3 节中基于缩放优先级节能调度方法（算法 8.4 SPESA 算法），在 PXA255 上进行节能调度。由于 PXA255 为单核处理器，所以所有任务都划分到同一处理器上，这是多处理器系统调度的一个特例。由于任务都分配在同一处理器上，所以不考虑任务之间的通信开销。

算法根据 8.3.2 节的遗传方法确定任务优先级。假定一个随机基因序列为"425316"，即任务 1～6 所对应的优先级分别为 4、2、5、3、1、6。在此基础上，PLSA 算法首先调用 8.3.4 节的 PLSA 算法进行初始调度，其过程如下：

（1）将处理器运行在最高频率模式下（即模式一）。

（2）首先将入度为 0 的任务 1 和任务 4 压入队列。根据遗传算法确定的基因序列，它们的优先级分别 4 和 5，从而先执行任务 1。计算当前总执行时间为 0.5 ms，总能耗为 411×0.5 = 205.5 uw。更新任务 1 的后续任务 2 的开始执行时间和执行能量，删除任务 1 与任务 2 之间的通信边。此时任务 2 的入度为 0，则将其均压入队列。

（3）队列中有任务 2 和任务 4，对应优先级分别为 2 和 5。根据优先级先执行任务 2。计算当前总执行时间为 0.5+1.5 = 2 ms，总能耗为 205.5+411×1.5 = 822 uw。更新后续任务 3 并将其压入队列。

（4）队列中有任务 3 和任务 4，对应优先级分别为 5 和 3。根据优先级先执行任务 4。计算当前总执行时间和总能耗。删除任务 4 与任务 5 之间的通信边，但此时任务 5 的入度不为 0，从而不压入队列。

（5）队列中只有任务 3，对其进行执行并计算当前总执行时间和总能耗。删除任务 3 与任务 5 之间的通信边，此时任务 5 的入度为 0，压入队列。

（6）依次调度任务 5 和任务 6，得到任务的最终执行顺序为"124356"，总的执行时间为 28 ms，总能量为 11.508 mJ。

至此，PLSA 算法调度结束，得到了任务执行顺序和执行时间。由于其执行时间小于任务截止期（40 ms），从而可以进行电压缩放调度。其调度过程如下：

（1）对每个可以缩放的任务，采用 8.3.3 节中公式（8.9），计算当前电压缩放优先级（比例系数 K_{coe} 取为 0.01）。在计算缩放优先级之前，需要计算任务缩放后的执行时间。由于在同一处理器上执行，其计算时间与处理器频率成反比。以任务 1 为例，其从模式 1 缩放到模式 2 的执行时间 t_{12} 和缩放优先级 ZP_{12} 计算为：

$$t_{12}=\frac{400}{300}\times0.5\approx0.67 \ ; \ ZP_{12}=0.01\times(411\times0.5-283\times0.67)^2/(0.67-0.5)\approx17$$

同样计算其他任务的缩放优先级，从而得到当前缩放优先级如表 10.10 所示。

表 10.10　AVS 视频解码任务缩放优先级

任务名	任务 1	任务 2	任务 3	任务 4	任务 5	任务 6
缩放优先级	17	51	68	646	102	68

（2）取优先级最高的任务 4，以处理器模式二运行，其他任务的执行属性不变。进行一次 PLSA 调度，得到任务的执行时间为 34.33 ms，执行能量为 10.868 mJ。

（3）对任务 4 再次进行电压缩放调度可知，缩放后系统执行时间变为 47，大于截止期，从而任务 4 不再具备缩放功能。算法在可行任务中选取优先级最高的任务 5 进行缩放，通过 PLSA 调度得到任务的执行时间为 35.33 ms，执行能量为 10.767 mJ。

（4）任务 5 还可以继续缩放，重新计算其缩放优先级为 20。此时队列中任务 3 和任务 6 的缩放优先级并列最高，根据基因序列优先级选择任务 3 进行缩放。这样反复进行，依次缩放任务 6、2、1、5。完成这些电压缩放之后，系统总的执行时间为 39.33 ms，执行能量为 10.555 mJ。这时任务 5 运行在模式三，其他任务运行在处理器模式二。

（5）通过计算，此时任务 2、3、6 都不再具备缩放功能，只有任务 1 还可以缩放，进行缩放后的系统执行时间为 39.67 ms。这时所有任务都不再具备缩放功能，节能调度退出。

综上，在遗传算法所确定的优先级下，本次最终的调度结果是：任务1和任务5运行在模式三，其他四个任务运行在模式二，系统总的执行时间为39.67 ms，总的执行能量为10.554 mJ，相对最高电压模式下的11.508 mJ，节能率为：（11.508-10.554）/11.508＝8.3%，达到了节能的效果。在本实例中系统缩放空间有限，如果增大缩放空间，将取得更好的效果。

10.3　本章小结

本章从应用测试及验证分析的角度，对本章所提的部分算法进行了应用研究。针对化学计量分析中的"数学分离"算法在嵌入式应用中面临的复杂计算分析，通过分析算法的计算特性，采用 ARM Cortex-A9 和 FPGA 搭建高性能嵌入式计算平台，采用在第三章中提出的软硬件划分算法对不同计算任务进行了划分，并对硬件算法进行了实现，应用结果证明提出的算法很好地提升了系统性能。针对节能调度问题，基于 PXA255 芯片设计了节能调度测试平台，以 AVS 视频解码任务为例，对第八章中提出的节能调度算法进行了验证分析，调度结果表明所提出的算法能够有效地实现系统节能。

第十一章　总结和展望

11.1　总结

半导体技术的发展带动着芯片设计技术的更新，多处理器技术已经深入到各类嵌入式应用当中。对于高性能异构 MPSoC 来说，其性能的充分发挥依赖于高效的调度策略，需要在不同约束条件下，面向不同应用领域对调度算法进行研究。在此背景下，考虑具有可重构资源的异构 MPSoC，针对其面临的性能、实时性、能耗和温度问题，开展软硬件优化划分、实时弹性调度、节能调度和温度感知调度研究。研究结果主要体现在以下几个方面：

（1）针对由通用处理器和可编程器件组成的异构 MPSoC，开展了静态和动态软硬件划分算法研究，在静态软硬件划分算法中，提出了一种融合贪心算法与模拟退火算法的高效划分方法 GSAHP。该方法首先采用贪心算法对软硬件进行预划分，以较小的时间代价得到靠近最优解区域的初始划分；然后分析软硬件划分这一特定应用背景，对模拟退火扰动模型中的接收准则进行改进，用改进的模拟退火算法对任务进行全局寻优，得到近似最优解。与已有的算法相比，软硬件划分算法综合贪心算法的高效性及模拟退火算法的全局搜索能力，通过贪心算法的预划分减少了模拟退火算法的迭代次数，同时通过对模拟退火算法进行改进以获得全局近似最优解。选择在软硬件划分方面表现较优的两个典型算法进行对比分析，这两个算法是基于模拟退火的软硬件划分算法（ESA）和基于贪心算法的软硬件划分方法（1DNew3）。实验结果表明：与 ESA 算法相比，在改善划分质量的同时，平均运行时间仅为 ESA 算法的 43.9%；与 1DNew3 算法相比，虽然算法的运行时间有所增加，但平均加速比为 1DNew3 算法的 4.18 倍。综合衡量算法运行时间和划分质量两个性能指标，所提算法具有很好的整体性能。

在动态软硬件划分算法中，提出考虑带权重任务节点深度的动态软硬件划分算法。根据过程级编程模型的优势与可重构器件的特点，我们提出了考虑带权重任务节点深度的动态软硬件划分算法，该算法以软硬件抽象函数库划分粒度，动态获取系统参数，实时调整划分方案，充分利用任务节点间的依赖关系，可显著提高划分效率。实验表明实现 JPEG 编码所需要的时间。无动态重构支持的软硬件划分性能最差，动态重构下的划分性能比前者提高了 9.93%。引入预配置后，软硬件划分的性能比无动态重构支持的划分提高了 18.44%，比动态重构下的划分提高了 9.45%。实验表明，随着可重构资源利用效率的不断提高，软硬件划分的优势将更为明显，并分别给出了静态和动态软硬件划分的原型系统。

（2）在实时任务调度上，针对实时弹性任务进行调度，提出了一种基于资源预留的基本周期调整算法，对硬实时任务进行资源预留，以适应软硬实时任务共存的系统。同时，在原有性能指标函数的基础上，总结出一种以任务资源利用率变化为参数的性能指标函数来调整任务周期。针对弹性任务调度中假定任务执行时间预先确定，导致任务调度成功率较低的问题，提出了一种基于反馈机制的实时弹性任务调度方法。实验数据表明：改进的基本实时弹性任务调度算法具有较强适应性，对提高任务调度成功率以及系统吞吐量均有较好效果；改进的广义实时弹性任务调度算法，很大程度上提高了任务调度成功率，但对系统吞吐量的效果不明显。

针对实时任务的系统运行过载问题，目前针对系统过载问题的研究大都是在系统发生过载后，通过反馈来及时有效地制止，没有从根本上解决过载发生的必然性。为此，我们利用回归模型与非精确计算设计了一种提前预防系统过载的策略，该策略面向多任务系统，对每个任务进行跟踪，并在所有任务利用率之和大于系统最大利用率时提前进行调整，避免过载现象的发生。实验数据表明：过载避免算法在系统负载存在突发的情况下，算法不仅很好地体现了任务的实时性，而且有效地增强了系统的容错能力。

（3）针对异构 MPSoC 节能问题，总结出现有算法中的优点及存在的不足，结合动态电压缩放技术提出了一种基于关键任务分析的低功耗调度算法（CT-LPS）。与传统算法相比，此策略对算法中的调度方法进行了细化，利用关键任务能有效控制任务调度长度的优点，利用经典的列表调度思想确定任务节点在各自的电压级别下的执行顺序；根据每次调度的完成时间与任务截止期之间的松弛时间对任务节点进行电压缩放，在缩放的过程中充分考虑任务的能耗梯度，优先处理对系统能耗影响更大的任务节点。实验结果表明，CT-LPS 算法降低系统功耗的效果明显，并且时间复杂度低，算法的运行效率较高。

在该基础上进一步提出了基于动态电压缩放技术和遗传算法的节能调度算法 ESIGSP。该算法首先针对传统遗传算法容易陷入局部最优的缺陷，通过改进影响群体多样性的选择算子和群体更新机制，拓展算法的解空间，确定任务优先级，采用链表调度确定任务执行顺序；然后，根据任务能耗和时间属性，提出一种任务缩放优先级的计算方法，在不违背任务截止期和依赖关系条件下，反复选择具有最佳节能效果的任务进行电压调节，优化每次遗传迭代过程中的系统能耗；最后，通过多次遗传迭代操作选择全局最优调度方案，实现异构 MPSoC 的节能调度。选择在节能调度具有代表性的两个算法进行对比分析，分别是基于能量梯度的 ASG-VTS 算法和基于嵌套遗传算法的 EE-GLSA 算法。实验结果表明，该算法的运行时间比 ASG-VTS 算法略大，但节能率提高约 19.5%；与 EE-GLSA 算法相比，该算法运算速度提高了近 20 倍，节能率高出 14.2%；综合节能率和运行时间两方面因素，所提算法具有优越的整体性能。

（4）针对异构 MPSoC 不断增长的能量密度和温度，提出了一种基于温度感知的启发式调度算法 HTADS。首先，考虑芯片中漏极功率、供电电压、温度之间的关系，建立了一个更为实际的温度模型。在调度过程中，首先将任务初始分配到运算速度最快的处理器上，并对处理器配置为最大电压级别；然后根据关键路径计算任务优先级，根据该优先级进行任务调度；最后根据温度模型计算任务的运行时温度，选择具有峰值温度的任务进行动态电压缩放，以降低系统峰值温度。如果当前划分下峰值温度不能降低，则随机改变部分任务的分配方案。通过迭代调度，实现异构 MPSoC

峰值温度的优化调度。选择一个经典的温度感知调度算法和一个在温度表现方面较优的节能调度算法进行仿真对比分析，实验结果表明了该算法在峰值温度优化方面表现最优，同时在系统平均温度的改善方面也有优秀的性能。

（5）从算法应用及测试验证的角度，对部分算法进行了应用研究。第一个应用研究针对本书第三章提出的软硬件划分算法，用于解决"数学分离"算法在嵌入式应用中面临的复杂计算问题。该算法常用于化学计量分析当中，可抽象为一个三维数阵的分解问题，包括了大量的矩阵运算。通过对计算任务进行分析，采用 ARM Cortex-A9 和 FPGA 相结合的方式搭建高性能嵌入式计算平台，采用第三章提出的软硬件划分算法进行任务划分，并对划分到硬件的任务进行了 FPGA 实现。系统最终应用结果表明，该算法很好地利用了 FPGA 的计算资源，系统性能提升明显。第二个应用研究是针对任务节能调度问题，基于 PXA255 芯片进行了节能调度测试平台的设计，并实现了动态电压缩放技术。基础动态电压缩放技术，以 AVS 视频解码任务为测试实例，对第八章的节能调度算法进行了验证分析，调度结果表明该算法能够有效地实现系统节能。

11.2 展望

多处理器技术发展迅速，但还存在功耗、温度、存储等一系列问题。本书针对具有可重构功能的异构 MPSoC 的任务调度问题进行了研究，在特定约束下解决了一些问题，但在研究过程中也发现了一些新的问题，这些问题中有的是新的研究方向，可以在以后的工作中进行更为深入的研究。未来的工作展望如下：

（1）本书的工作采用各种启发式算法对任务进行离线调度。对于任务随机到达的实时系统，此调度策略难以适应。以后可以开展对任务在线调度策略的研究，并可以考虑将在线调度和离线调度进行综合，对周期固定的任务进行离线调度，并保留一定时间响应随机任务，从而将两者有效结合。

（2）目前的任务调度算法大都针对特定的应用背景进行设计。算法对于其相应的应用场合能取得很好的效果，但难以适应变化的系统环境。随着弹性调度和反馈调度的研究兴起，如何设计具有一定适用性的任务调度算法，针对不同的应用环境对任务进行弹性调度，通过有效反馈掌握系统实时状态，在线调整系统参数，这是以后一个重要的研究方向。

（3）具有可重构特性的异构 MPSoC 主要面向嵌入式应用领域。在广泛关注产业界最新动态的基础上，采用先进的处理器技术，研究其内部体系结构，实现调度算法与处理器平台的有机结合，在不同应用需求的引导下设计出高性能的嵌入式系统，这也是以后的一个重要研究工作。

总的说来，具备可重构功能的异构 MPSoC 任务调度不管是在理论上还是在技术上都有很好的应用前景，如何充分结合这类异构 MPSoC 的结构特征，考虑实时、能耗、温度等各类约束，进行任务调度研究，在相当长的一段时间内仍然是学术界、工业界广泛关注的问题。在众多研究者的努力之下，异构 MPSoC 将得到广泛推广和应用，在多领域中发挥其应有的作用。

参 考 文 献

[1] BARUAH S. Task partitioning upon heterogeneous multiprocessor platform [C]. In Proceedings of the 10th IEEE Real-Time and Embedded Technology and Applications Symposium, 2004, 536 – 543.

[2] BARUAH S. Feasibility analysis of preemptive real-time systems upon heterogeneous multiprocessor platforms [C]. In Proceedings of the 25th IEEE International Real-Time Systems Symposium, Dec. 2004, 37 – 46.

[3] SHELBY F, BARUAH S. Task assignment on uniform heterogeneous multiprocessors [C]. In Proceedings of the 17th Euromicro Conference on Real-Time Systems, July 2005: 219 –226.

[4] YI H, XUE C J, XU C Q, et al. Co-Optimization of Memory Access and Task Scheduling on MPSoC Architectures with Multi-Level Memory [C]. Design Automation Conference (ASP-DAC), 2010 15th Asia and South Pacific. 2010.

[5] TANG Q, BASTEN T, GEILEN M, et al. Task-FIFO Co-scheduling of Streaming Applications on MPSoCs with Predictable Memory Hierarchy [C]. International Conference on Application of Concurrency to System Design. IEEE, 2015.

[6] YANG H, HA S. ILP based data parallel multi-task mapping/scheduling technique for MPSoC [C] // International Soc Design Conference. IEEE, 2009, 134 – 137.

[7] CHEN Y S, LIAO H C, TSAI T H. Online Real-Time Task Scheduling in Heterogeneous Multicore System-on-a-Chip [J]. Parallel and Distributed Systems, IEEE Transactions on, 2013, 24 (1): 118 – 130.

[8] SELVAMEENA T, PRASATH R A. Out-of-order execution on reconfigurable heterogeneous MPSOC using particle swarm optimization [C] // International Conference on Innovations in Information, Embedded and Communication Systems, 2017, 1 – 6.

[9] CHEN Z, MARCULESCU D. Task Scheduling for Heterogeneous Multicore Systems [J]. 2017.

[10] KIM S I, KIM J K. A Method to Construct Task Scheduling Algorithms for Heterogeneous Multi-core Systems [J]. IEEE Access, 2019, 7：142640－142651.

[11] ZHOU J, ZHANG M, SUN J, et al. DRHEFT：Deadline-Constrained Reliability-Aware HEFT Algorithm for Real-Time Heterogeneous MPSoC Systems [J]. IEEE Transactions on Reliability, 2020：1－12.

[12] 王堃, 乔颖, 王宏安, 等. 实时异构系统的动态调度算法 [J]. 计算机研究与发展, 2002, 39 (6)：725－732.

[13] 邱卫东, 陈燕, 李洁萍, 等. 一种实时异构嵌入式系统的任务调度算法 [J]. 软件学报, 2004, 15 (4)：504－511.

[14] 周学功, 梁樑, 黄勋章, 等. 可重构系统中的实时任务在线调度与放置算法 [J]. 计算机学报, 2007, 30 (11)：1901－1909.

[15] MARCONI T, LU Y, BERTELS K, et al. Online Hardware Task Scheduling and Placement Algorithm on Partially Reconfigurable Devices [C], In Proceedings of the 4th international workshop on Reconfigurable Computing：Architectures, Tools and Applications, 2008, 306－311.

[16] JERRAYA A A. HW/SW Implementation from Abstract Architecture Models [C]. In Proceedings of the Design, Automation & Test in Europe, 2007, 1470－1471.

[17] WOLF W. A decade of hardware/software codesign [J]. IEEE Computer, 2003, 36 (4)：38－43.

[18] GUO Z, BUYUKKURT B, NAJJAR W, et al. Optimized generation of data-path from C codes for FPGAs [C]. In Proceedings of the Conference on Design, Automation and Test in Europe, 2005, 112－117.

[19] PÉTER A, ZOLTÁN Á M, ANDRÁS O. Algorithmic aspects of hardware/software partitioning [J]. ACM Transactions on Design Automation of Electronic Systems, 2005, 10 (1)：136－156.

[20] WU J G, SRIKANTHAN T, ZOU G W. New Model and Algorithm for Hardware/Software Partitioning [J]. Computer Science and Technology, 2008, 23 (4)：644－651.

[21] WU J G, TING L, THAMBIPILLAI S. Efficient Approximate Algorithm for Hardware Software Partitioning [C]. In Proceedings of the eighth IEEE/ACIS International Conference on Computer and Information Science, 2009：261－269.

[22] YOUNESS H, HASSAN M, SAKANUSHI K, et al. A high performance algorithm for scheduling and hardware-software partitioning on MPSoCs [C]. International Conference on Design & Technology of Integrated Systems in Nanoscal Era. IEEE, 2009：71－76.

［23］ABDELHALIM M B，SALAMA A E，Habib S . Hardware Software Partitioning using Particle Swarm Optimization Technique ［C］. International Workshop on System-on-chip for Real-time Applications. IEEE, 2006：189－194.

［24］BHATTACHARYA A，KONAR A，DAS S，et al. Hardware Software Partitioning Problem in Embedded System Design Using Particle Swarm Optimization Algorithm ［C］. International Conference on Complex. IEEE, 2008：171－176.

［25］SAHA D, BASU A，MITRA R S. Hardware Software Partitioning Using Genetic Algorithm ［C］. 10th International Conference on VLSI Design, 4－7 January 1997, Hyderabad, India. IEEE, 1997：155－160.

［26］郭晓东，刘积仁. 一种基于模拟退火算法的硬件/软件分解方法 ［J］. 东北大学学报（自然科学版），2000，021（003）：233－236.

［27］吴强，边计年，薛宏熙. 基于抽象体系结构模板的多路软硬件划分算法 ［J］. 计算机辅助设计与图形学学报，2004，16（11）：1562－1567.

［28］SHUAI G L, FU J F，HUA J H，et al. Hardware/Software Partitioning Algorithm Based on Genetic Algorithm ［J］. Journal of Computers, 2014, 9（6）：1309－1315.

［29］罗胜钦，马萧萧，陆忆. 基于改进的 NSGA 遗传算法的 SOC 软硬件划分方法 ［J］. 电子学报，2009，37（11）：2595－2599.

［30］LIU Y, LI C Q, LIU X J, et al. Study on Hardware-Software partitioning using Immune Algorithm and its Convergence Property ［C］. 2009 IEEE International Conference on Intelligent Computing and Intelligent Systems, 2009, 4－8.

［31］盛蓝平，林涛. 采用启发式分支定界的软硬件划分 ［J］. 计算机辅助设计与图形学学报，2005，17（3）：414－417.

［32］于苏东，刘雷波，尹首一，等. 嵌入式粗颗粒度可重构处理器的软硬件协同设计流程 ［J］. 电子学报，2009，37（5）：1136－1140.

［33］彭艺频，凌明，杨军，等. 基于关键路径和面积预测的软硬件划分方法 ［J］. 电子学报，2005，33（2）：249－253.

［34］TAHAEE S A, JAHANGIR A H. A polynomial algorithm for partitioning problems ［J］. ACM Transactions on Embedded Computing Systems, 2010, 9（4），34：1－38.

［35］ARATO P, JUHASZ S, MANN Z, et al. Hardware-Software partitioning in embedded system design ［C］. In Proceedings of the IEEE International Symposium on Intelligent Signal Processing, 2003, 197－202.

［36］WU J G, THAMBIPILLAI S. Algorithmic Aspects of Hardware/Software Partitioning：1D Search Algorithms ［J］. IEEE Transactions on Computer, 2010, 59（4）：532－544.

［37］ GOOSSENS J, MACQ C. Limitation of the hyper-period in real-time periodic task set generation. In: Proc. 9th International Conference on Real-Time Systems. Paris, France, 2001, 133 - 148.

［38］ LIU C L, JAMES W. Layland Scheduling Algorithms for Multiprogramming in a Hard-Real-Time Environment. Journal of the Association for Computing Machinery, 1973, 46 - 61.

［39］ LU C, STANKOVIC J A, TAO G, et al. Feedback Control Real-Time Scheduling: Framework, Modeling, and Algorithms ［J］. Real-Time Syst ems Journal, 2002, 23 (1/2): 85 - 126.

［40］ SCHMITZ M T, AL-HASHIMI B M. Considering Power Variations of DVS Processing Elements for Energy Minimisation in Distributed Systems ［C］. In: Proc. Int'l Symp. Systems Synthesis (ISSS'01), 2001, 250 -255.

［41］ GORJIARA B, BAGHERZADEH N, CHOU P. Ultra-fast and efficient algorithm for energy optimization by gradient-based stochastic voltage and task scheduling ［J］. ACM Transactions on Design Automation of Electronic Systems, Sep. 2007, 12 (4): 3911 - 3920.

［42］ SCHMITZ M T, AL-HASHIMI B M, ELES P. Energy-Efficient Mapping and Scheduling for DVS Enabled Distributed Embedded Systems ［C］. In: Proc. Design, Automation and Test in Europe Conf. and Exposition (DATE'02), 2002, 514 - 521.

［43］ BAUTISTA D, SAHUQUILLO J, HASSAN H, et al. A Simple Power-Aware Schecluling for Multicore Systems When Running Real-Time Applieations ［C］. In Proceedings of the 22nd IEEE/ACM International Parallel and Distributed Processing Symposium, 2008, 1 - 7.

［44］ 王颖锋, 刘志镜. 面向同构多核处理器的节能任务调度方法 ［J］. 计算机科学, 2011 (09): 294 - 297.

［45］ PILLAI A S, ISHA T B. Energy efficient task allocation and scheduling in distributed homogeneous multiprocessor systems ［J］. WSEAS Transactions on Computers, 2014, 13: 613 - 623.

［46］ BHATTI M K, OZ I, AMIN S, et al. Locality-aware task scheduling for homogeneous parallel computing systems ［J］. Computing, 2018, 100 (6): 557 - 595.

［47］ GORJIARA B, BAGHERZADEH N, CHOU P. An efficient voltage scaling algorithm for complex SoCs with few number of voltage modes ［C］. In Proceedings of the International Symposium on Low Power Electronics and Design, 2004, 381 - 386.

［48］ CHATURVEDI V, GANG Q. Leakage conscious DVS scheduling for peak temperature minimization. In Proceedings of the 16th Asia and South Pacific Design Automation Conference（ASP-DAC）, 2011: 135-140.

［49］ XIE Y, HUNG W L. Temperature-aware task allocation and scheduling for embedded multiprocessor systems-on-chip（MPSoC）design［J］. The Journal of VLSI Signal Processing, 2006, 45（3）: 177-189.

［50］ BARUAH S, FISHER N. The Partitioned Multiprocessor Scheduling of Deadline-Constrained Sporadic Task Systems［J］. IEEE Transactions on Computers, July 2006, 55（7）: 918-923.

［51］ JI Y, LI L Y, SHI M, et al. Hardware/software partitioning algorithm using hybrid genetic and tabu search［J］. Computer Engineering and Applications, 2009, 45（20）: 81-83.

［52］ WALDER H, PLATZNER M. Reconfigurable Hardware Operating Systems: From Design Concepts to Realizations［C］. In Proceedings of the Intel Conference Eng. of Reconfigurable Systems and Algorithms, Las Vegas（USA）, 2003, 284-287.

［53］ GAREY M R, JOHNSON D S. Computers and Intractability: A Guide to the Theory of NP-Completeness［M］. New York, USA: W. H. Freeman Company, 1979.

［54］ CALINESCU G, FU C, LI M, et al. Energy optimal task scheduling with normally-off local memory and sleep-aware shared memory with access conflict［J］. IEEE Transactions on Computers, 2018, 67（8）: 1121-1135.

［55］ DAMSCHEN M, MUELLER F, HENKEL J. Co-scheduling on fused CPU-GPU architectures with shared last level caches［J］. IEEE Transactions on Computer-Aided Design of Integrated Circuits and Systems, 2018, 37（11）: 2337-2347.

［56］ HE K, MENG X, PAN Z, et al. A novel task-duplication based clustering algorithm for heterogeneous computing environments［J］. IEEE Transactions on Parallel and Distributed Systems, 2018, 30（1）: 2-14.

［57］ SUN H, ELGHAZI R, GAINARU A, et al. Scheduling parallel tasks under multiple resources: List scheduling vs. pack scheduling［C］. 2018 IEEE International Parallel and Distributed Processing Symposium（IPDPS）. IEEE, 2018: 194-203.

［58］ CHEN G, GUAN N, LIU D, et al. Utilization-based scheduling of flexible mixed-criticality real-time tasks［J］. IEEE Transactions on Computers, 2017, 67（4）: 543-558.

［59］ MAQSOOD T, TZIRITAS N, LOUKOPOULOS T, et al. Energy and communication aware task mapping for MPSoCs ［J］. Journal of Parallel and Distributed Computing, 2018, 121（2018）：71－89.

［60］ LI T, YU G, SONG J B. Minimizing energy by thermal-aware task assignment and speed scaling in heterogeneous MPSoC systems ［J］. Journal of Systems Architecture, 2018, 89（2018）：118－130.

［61］ SALAMY H. Energy-Aware Schedules Under Chip Reliability Constraint for Multi-Processor Systems-on-a-Chip ［J］. Journal of Circuits, Systems and Computers, 2020, 29（9）：1987－2001.

［62］ ZHANG Q , RUAN Y L , GAO F . Temperature-Aware Scheduling Algorithm for Multi-Core System ［J］. Applied Mechanics & Materials, 2014, 536－537：703－707.

［63］ QAISAR B, NAEEM S M, NAEEM A M , et al. An online temperature-aware scheduling technique to avoid thermal emergencies in multiprocessor systems ［J］. Computers & Electrical Engineering, 2018, 70：83－98.

［64］ VAZIRANI V V. Approximation algorithms ［M］. Springer, 2001.

［65］ TAHERI G, KHONSARI A, ENTEZARI-MALEKI R, et al. Temperature-aware core management in MPSoCs：modelling and evaluation using MRMs ［J］. IET Computers & Digital Techniques, 2020, 14（1）：17－26.

［66］ QUAN G, CHATURVEDI V. Feasibility analysis for temperature-constraint hard real-time periodic tasks ［J］. IEEE Transaction on Industrial Informatics, 2010, 6（3）：329－339.

［67］ 李建国, 陈松乔, 鲁志辉. 实时异构系统的动态分批优化调度算法 ［J］. 计算机学报, 2006, 29（6）：976－984.

［68］ 克里兹. 高级 FPGA 设计：结构、实现和优化 ［M］. 孟宪元, 译. 北京：机械工业出版社, 2009.

［69］ 乔颖, 王宏安, 戴国忠. 一种新的实时多处理器系统的动态调度算法 ［J］. 软件学报, 2002, 13（1）：51－58.

［70］ 金宏, 王宏安, 王强, 等. 一种任务优先级的综合设计方法 ［J］. 软件学报, 2003, 14（3）：376－382.

［71］ 乔颖, 邹冰, 方亭, 等. 一种实时异构系统的集成动态调度算法研究 ［J］. 软件学报, 2002, 13（12）：2251－2258.

［72］ 沈卓炜, 汪芸. 基于 EDF 调度策略的端到端实时系统可调度性分析算法 ［J］. 计算机研究与发展, 2006, 43（5）：813－820.

［73］ 梁洪涛, 袁由光, 方明. 一种基于任务全局迁移的静态调度算法 ［J］. 计算机研究与发展, 2006, 43（5）：797－804.

［74］肖鹏，胡志刚. 截止时间约束下独立网格任务的协同调度模型［J］. 电子学报，2011，39（8）：1852－1857.

［75］刘海迪，杨裔，马生峰，等. 基于分层遗传算法的网格任务调度策略［J］. 计算机研究与发展，2008，45（z1）：35－39.

［76］钟诚，李显宁. 异构机群系统上带返回信息的可分负载多轮调度算法［J］. 计算机研究与发展，2008，45（z1）：99－104.

［77］江维，常政威，桑楠，等. 安全和能量关键的分布式协作任务调度［J］. 电子学报，2011，39（4）：757－762.

［78］李仁发，周祖德，陈幼平，等. 可重构计算的硬件结构［J］. 计算机研究与发展，2003，140（13）：500－507.

［79］沈英哲，周学海. 一种用于可重构计算系统的软硬件划分算法［J］. 中国科学技术学报，2009，39（2）：182－189.

［80］熊志辉，李思昆，陈吉华. 遗传算法与蚂蚁算法动态融合的软硬件划分［J］. 软件学报，2005，16（4）：503－512.

［81］刘安，冯金富，梁晓龙，等. 基于遗传粒子群优化的嵌入式系统软硬件划分算法［J］. 计算机辅助设计与图形学学报，2010，22（6）：928－933.

［82］汪尔康. 生命分析化学［M］. 北京：科学出版社，2006.

［83］李肯立，李庆华，戴光明，等. 背包问题的一种自适应算法［J］. 计算机研究与发展. 2004，41（7）：1292－1297.

［84］熊志辉，李思昆，陈吉华. 具有初始信息素的蚂蚁寻优软硬件划分算法［J］. 计算机研究与发展，2005，42（12）：2176－2183.

［85］李仁发，刘彦，徐成. 多处理器片上系统任务调度研究进展评述［J］. 计算机研究与发展. 2008，45（9）：1620－1629.